中国天眼（FAST）

和宇宙对话

潘高峰 张博 高原 著

吕洁 绘

浙江教育出版社·杭州

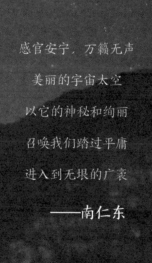

感官安宁，万籁无声

美丽的宇宙太空

以它的神秘和绚丽

召唤我们踏过平庸

进入到无垠的广袤

——南仁东

目　录

有两种东西，我对它们的思考越是深沉和持久，在我心灵中唤起的惊奇和敬畏就会日新月异，不断增长，它们就是我头上的星空和心中的道德法则。

——康德

第 **1** 章

望远镜的家族

宇宙神秘而广袤，星空璀璨而深邃，那我们该如何更好地探索头顶这片星空呢？答案是通过望远镜。望远镜的问世拉近了人类与宇宙的距离，使人类在感叹宇宙浩瀚的同时也意识到自身的渺小。

天文望远镜

1608年，荷兰有一位眼镜制造商汉斯·列伯希，他的两个聪明、调皮的孩子在一个偶然的机会中发现了望远镜的秘密。两个孩子从店铺里拿来两片透镜，一前一后摆弄着，突然，孩子们发现远处教堂上的风标变得又大又近。列伯希得知此事后非常高兴，他尝试着把两块透镜装在一个筒子里，经过多次试验，世界上第一台望远镜诞生了！随后，伽利略听到了这个消息，他灵机一动，制作了一个放大倍数为32倍的望远镜。这一次，他把望远镜对向了天空，从此一个新兴的天文学时代便开启了。

在此后的400多年里，天文望远镜经历了跨越式的发展，不仅望远镜的种类发生了巨大变化，而且望远镜的尺寸也越来越大。与此同时，望远镜的造价也节节攀升。正因为如此，后来的一些大型望远镜，有时会由一些富商捐钱来赞助建造，有时会由几所大学联合起来筹集资金建造。

在天文望远镜发展历程中，光学望远镜、射电望远镜和空间望远镜起到了非常重要的作用。

小知识　望远镜发展时间轴

❶ 1608年，荷兰人汉斯·列伯希造出了世界上第一台望远镜。

❷ 1609年，意大利天文学家伽利略发明了人类历史上第一台折射式天文望远镜，并首次将望远镜用于天体观测。这是天文学发展的一次巨大变革，从此开创了天文学观测研究的新时代。

❸ 1668年，英国天文学家牛顿发明了第一台反射式望远镜。

❹ 1781年，英国天文学家威廉·赫歇尔用他自制的15厘米口径的反射式望远镜发现了新的行星——天王星。之后，他制造的望远镜越来越大，他是望远镜大型化的始祖。

❺ 19世纪下半叶是大型折射望远镜的时代，1870年以后美国光学制造

家克拉克父子陆续磨制了口径为66厘米、76厘米、91厘米、102厘米的折射式望远镜。

6 20世纪上半叶，反射式望远镜又占据了上风。1917年，胡克望远镜在美国加利福尼亚的威尔逊山天文台建成。它的主反射镜口径为100英寸。美国天文学家哈勃正是使用这座望远镜发现了宇宙正在膨胀。

7 1930年，德国人施密特将折射望远镜和反射望远镜的优点结合起来，制成了第一台折反射式望远镜。

8 1931~1932年，美国电信工程师K.G.央斯基用自己装的天线发现了来自银河中心的电磁辐射。

9 美国无线电工程师、天文学家雷伯在1937年制造了世界上第一架专门用于天文观测的射电望远镜，并于1940年证实了银河系中心方向有一个强射电源，1944年，他根据观测结果绘制了第一张银河射电天图，射电天文学从此诞生。

10 1963年，英国剑桥大学卡文迪许实验室的马丁·赖尔利用干涉的原理，主持建造了1.5千米综合孔径射电望远镜，大大提高了射电望远镜的分辨率。

11 1990年，美国国家航空航天局将哈勃空间望远镜送入太空，它位于地球大气层之上。

光学望远镜

　　光学望远镜源远流长。随着时间的推移，不断有新的光学望远镜出现取代旧的并逐渐为人们所青睐。那么光学望远镜的发展都经历了哪些阶段呢？

折射式望远镜

　　折射式望远镜是一种物镜为凸透镜，目镜为凸透镜或凹透镜，利用屈光成像的望远镜。它的优点是制造简单、易于搬运，由于镜筒密封减小了空气对流的影响，使得成像稳定，适合观测月亮、行星和较近的双星。它的缺点是色差严重，若要消除色差需要使用高级物镜，价格相对昂贵。

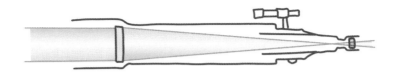

图 1-1 折射式望远镜光路图

世界上第一台天文望远镜

世界上第一台天文望远镜，即伽利略望远镜，就是目镜为凹透镜的折射式望远镜，这种望远镜历史悠久，镜筒短而能成正像，但它的视野比较小。目镜为凸透镜的开普勒望远镜，则有较大的视野，但是看见的影像是倒立的，所以还需要在光路内加改正系统使影像正立过来。

反射式望远镜

反射式望远镜一般使用凹的抛物面作主镜，将光线反射到镜筒外的目镜里。这种望远镜最早由牛顿发明。它的优点是不存在色差、镜筒较短便于将口径做大、相对于折射望远镜更容易制造等。它的缺点是开放式的镜筒会因为对流而造成像不稳定、大的主镜容易变形、主镜表面经常需要镀膜等。

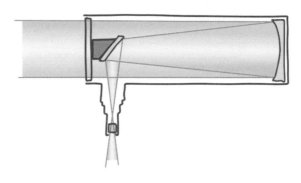

图 1-2 反射式望远镜光路图

折反射式望远镜

　　顾名思义，这种望远镜拥有的是一种折射与反射相结合的光学系统。它的物镜既有透镜又有反射镜，光线先通过一个透镜产生曲折，再经一面反射镜反射聚焦。这种系统的望远镜同时具备折射式望远镜的便携和反射式望远镜的成像优势，但口径相对较大、结构复杂、价格较贵。在折反式望远镜中比较著名的有施密特－卡塞格林式望远镜和马克苏托夫－卡塞格林式望远镜。

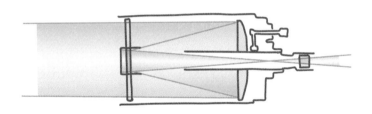

图 1-3 折反射式望远镜光路图

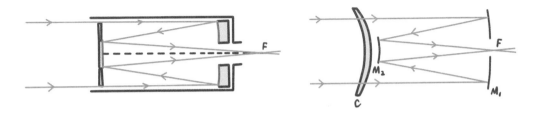

图 1-4 施密特－卡塞格林式和马克苏托夫－卡塞格林式望远镜光学原理图

小知识　　光学望远镜连连看

　　望远镜的集光能力随着口径的增大而增强，集光能力越强，就越能看到更暗更远的天体。因此，在过去的一百年中，随着人类对宇宙的好奇心的增强以及科学技术的发展，一批大口径光学望远镜逐渐问世。从美国威尔逊山上的胡克望远镜（图1-5），到帕洛马天文台口径5米的海尔望远镜（图1-6），再到夏威夷莫纳克亚山上的一对口径10米凯克望远镜（图1-7），望远镜越做越大，观测手段也不断创新。

　　位于我国河北兴隆观测站的口径2.16米反射望远镜（图1-8）曾一度是远东地区最大的光学望远镜。2007年5月，在我国云南丽江高美古建成了一台口径为2.4米的高性能光学望远镜（图1-9）。此外，我国自主研制的大天区多目标光纤光谱望远镜（LAMOST）（图1-10）也于2008年落成，它是施密特式反射望远镜。

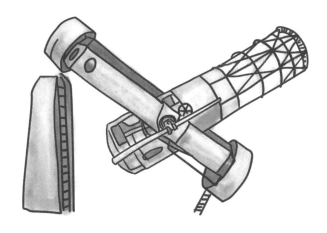

图 1-5 胡克望远镜

图 1-6 海尔望远镜

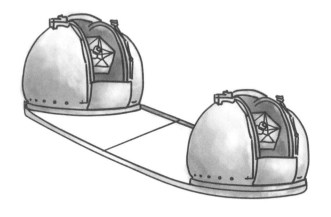

图 1-7 凯克望远镜

图 1-8 兴隆 2.16 米口径望远镜

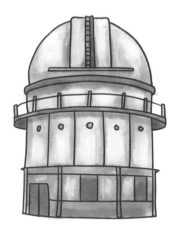

图 1-9 高美古 2.4 米口径望远镜

图 1-10 兴隆 LAMOST

射电望远镜

　　射电望远镜与光学望远镜不同，它既没有高高竖起的望远镜镜筒，也没有物镜和目镜，而主要由天线和接收系统两大部分组成。对于射电望远镜来说，天线就像是它的眼睛，它要收集微弱的宇宙无线电信号并传送到接收系统中去放大。

　　射电望远镜的天线种类繁多，但最常用的是抛物面天线，它看上去就像一个"蘑菇"。接收系统的工作原理和普通收音机差不多，但它具有极高的灵敏度和稳定性。接收系统将信号放大，从噪音中分离出有用信号，并传给后端的计算机记录下来。天文学家通过分析这些数据，得到宇宙深处不同天体送来的

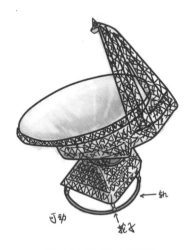

图 1-11 绿岸射电望远镜

各种信息。

典型的射电望远镜有位于美国西弗吉尼亚州的目前世界上最大的全可动射电望远镜 GBT（中文名称：绿岸射电望远镜，图 1-11）、位于美国波多黎各的"前任世界最大的"固定式射电望远镜 Arecibo（中文名称：阿雷西博望远镜，图 1-12）以及马丁·赖尔发明的综合孔径射电望远镜（图 1-13），当然，还有我国自主研制的世界最大的单口径球面射电望远镜 FAST（中文名称：500米口径球面射电望远镜）。

空间望远镜

我们的地球有着最忠实的保卫者——大气层。大气层中的各种粒子可以对天体辐射进行吸收和反射，这就使得大部分波段的天体辐射无法到达地面。因此，为了能不受大气层的干扰，以便对更多波段的辐射进行观测并获得更精确的天文资料，许多不同波段的望远镜被送入了太空，这些望远镜就是空间望远镜。

最知名的空间望远镜是美国的哈勃空间望远镜，同伽利略望远镜相似，人们把它的诞生看作是天文学走向空间时代的里程碑。我国的暗物质粒子探测卫星"悟空"以及硬 X 射线调制望远镜"慧眼"也分别于 2015 年和 2017 年发射升空（图 1-14），这意味着我国的空间观测项目也将迎来蓬勃的发展。

图 1-12 阿雷西博望远镜

图 1-13 综合孔径射电望远镜

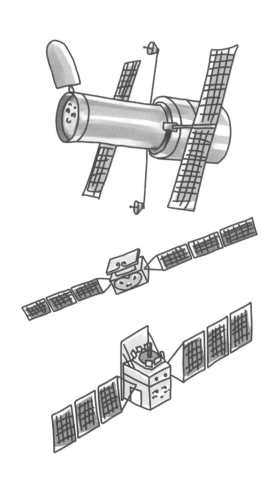

图 1-14 哈勃、"悟空"、"慧眼"空间望远镜（从上到下）

诞生之初

1993 年，国际无线电科学联合会（URSI）在日本京都召开会议。来自中国、澳大利亚、加拿大、法国、德国、印度、荷兰、俄罗斯、英国、美国的天文学家汇聚一堂，共同规划 21 世纪初的射电天文学发展蓝图。他们分析了射电望远镜综合性能的发展趋势，提出了建造下一代大射电望远镜 LT（Large Telescope）的倡议。LT 将是一个总接收面积达到 1 平方公里的射电阵。1999 年，LT 更名为平方公里阵 SKA。

随着人类活动范围的增大，以及科学技术不断地发展，地球上的电磁波环境正在不断地恶化。科学家们期望，在电波环境被彻底破坏之前，真正看一眼初始的宇宙。而这个朴实又伟大的梦想，人类只有借助大型的射电望远镜才能实现。如果失去这一机会，人类就只能到月球背面去建造同样口径的望远镜了。

在这样的机会面前，中国天文学家们自然不甘落后。他们以北京天文台为主，联合国内 20 余家大学和科研机构，组建了"大射电望远镜"中国推进委员会，并由原北京天文台的南仁东研究员任主任。在这一背景下，原北京天文台提出了利用中国西南部的喀斯特地貌建造阿雷西博型 LT 的中国方案，最初起名为 KARST。随着对 KARST 概念的不断完善，以及经过与国际科学界的长期交流探讨，中国科学家提出首先独立研制一台新型的单口径巨型射电望远镜——500 米口径球面射电望远镜（FAST）。

从 1994 年选址开始，FAST 望远镜共经历了 22 年的风风雨雨，并于 2016 年 9 月 25 日落成启用。FAST 望远镜给中国的射电天文工作者在脉冲星发现和计时（引力波检测）、中性氢巡天（暗能量和暗物质）等方面提供了重大发现机遇！它或许会成为诺贝尔物理学奖的摇篮，会开启与地外文明的"对话"，也可能成为终结人类孤独的新契机。

我们 FAST 的台址——大窝凼，是我们从三百多个候选洼地里挑选出来的，我们选到了一个地球上独一无二的、最适合 FAST 建设的台址。

——南仁东

第 **2** 章

家在这里

大窝凼像是为 FAST 而生的，亿万年，只为等它到来。庞大的科学装置与

大自然完美合一，鬼斧神工、妙手惊天。

选址

500 米口径望远镜的家准备选在哪里呢？科学家们纠结了很长时间，如果要在平原地区建造一个直径 500 米的望远镜，那就需要挖一个特别大的坑，有人做过计算，需要挖走约 1522 万立方米的土石（图 2-1），至少要花掉 5 亿人民币。同时，还要准备足够多的抽水机，在天降大雨时，拼命地抽水，防止大量的雨水把望远镜下面的设备淹掉（图 2-2）。

这样的工程，造价太高了！这种"高"造价，不仅体现在经费上，更加体现在人力的消耗以及对这个"人造坑"的后续维护上。科学家们为此费尽了心思，在某个偶然的时间，他们灵光闪现，突然想：能不能找一个足够大的天然坑，把那口 500 米的"大锅"放进去呢？

15220000
m³   ￥50 0000000

图 2-1 挖坑

图 2-2 抽水

这种想法的出现，给这个工程的建造带来了希望。然而，虽然希望总是会来，但随之而来的还有新的问题。

这样天然的坑，究竟在哪里呢？

这样天然的坑，应该有什么样的条件才能满足建造需求呢？

所有的问题都将在仔细的思考中得到最初的答案，也会在经久的实验中确定答案。针对望远镜的工作需要，科学家们发现，先要确定这个天然的坑的条件才能找到真正适合望远镜的土地。经过仔细的研究，他们发现，这个天然坑需要满足的条件实在太多了，概括起来，有以下几个方面。

第一，这个坑要足够大、足够深，能够把"大锅"装进去。

第二，大坑内的地质条件要好，少地震、少落石、地势平缓、破碎的石头少、周边的山体比较稳固，能够在地质条件方面保证望远镜的安全。

第三，风要小。风速过大的话，会把钢丝绳吊着的飞船形状的馈源舱吹"偏"（图2-3）。这样，接收设备就不能准确地接收来自外太空的观测信号了。

第四，少冰雹。因为"大锅"的锅体实在是太薄了，冰雹会把薄薄的锅上的面板打坏（图2-4）。

第五，这个天然的坑所处的洼地要有良好的排水系统，能够快速地将雨水排走。排水系统对望远镜的"人身安全"意义重大，一旦"坑"底的排水系统堵塞，望远镜就有被淹没的危险。

第六，周边的无线电环境要干净。射电望远镜对周边的无线电环境要求非

图 2-3 大风中的被吹"偏"的馈源舱示意图

图 2-4 冰雹的危害示意图

常高，周边一旦有无线电波干扰，望远镜就"看"不到遥远太空中的电磁波信号了。

第七，交通要相对的便利。

这些条件对天然坑来说，非常苛刻。为了满足这些条件，工程团队对选址的备选地点进行了大量的实地考察，最终位于云贵地区的喀斯特洼地成了安置"大锅"的首选地区。在初步确定了选址区域后，工程团队又进行了长达10年的漫漫寻"坑"路。当时没有现成的资料，可以用的技术手段又非常有限，只有用"笨办法"：一个一个找，一个一个数。

科研团队一头扎进了厚厚的地形地质图里。从1：50万的地形地质图看起，岩石的分布特征让他们首先确定了"坑"肯定不会出现的地理位置，排除掉之后，在其他区域就可能出现适合望远镜"安家"的"坑"。

天坑，这种鬼斧神工的自然奇观，在贵州的喀斯特岩溶地区比比皆是。科学家经过大量的分析、筛选工作，综合比较了几百个备选洼地的几何条件、工程条件、地质条件、气象条件和无线电环境等各项指标和制约因素，最终筛选出了近百个进行实地勘察。科学家们背上干粮，带上水壶，在山间小道上前行，为巨型望远镜寻家之路就这样开启了。

实地调查并不是看看大山、敲敲石头那么简单，除了进行岩体和地质结构的观察，还要考察山体里的水系统。经过实地考察后，针对原有的近百个洼地，科学家们又进行了更加细致的筛选，对其中的打舵、大窝凼、高务、岜山、打多、汪园冲、安纳、冗好、达架、打娘、梭坡、长冲、尚家冲13个洼地进行了更深入的勘探、筛选。这些读起来有些奇怪的名字像是贵州山区特有的语言一般，它们静默了很久，每一个地名都承载着当地的历史和文明，蕴含着当地的风土人情！

从众多的喀斯特洼地中优选出最适宜的大射电望远镜候选台址是一个复杂的系统分析过程，需综合考虑洼地的各种因素：洼地是否足够大、足够深、足够圆；洼地周边地势是否高差过大；山坡的乱石是否多。

由于各因素具有复杂性、模糊性和难以量化等特点，因此在洼地评价和台址优选中，科学家们采用最能有效反映各评价指标复杂关系的多层人工神经网络BP模型，并以最小挖填方率来量化洼地拟合望远镜球冠时土石方工程量、以洼地最适宜口径来量化大射电望远镜口径规模。经过科学家们的综合分析，最适宜建设大望远镜的选址结果最终浮出了水面——金科村大窝凼洼地。

一般情况下，工程建设都会避开大窝凼这种地形高差大、崩塌和岩堆发育、有断层通过、溶蚀裂隙发育的天然巨型岩溶洼地。然而，大窝凼岩溶洼地在尺度规模、无线电环境、生态环境、工程地质环境等方面都彰显着它的"独一无二"，它几乎完美地契合了FAST工程建设的种种苛刻条件。

FAST是目前世界上最灵敏的单口径射电望远镜，其覆盖的无线电波段范围涵盖了调频收音机、手机、蓝牙，甚至是导航卫星、雷达发射的无线电波。不说手机，就算是附近使用电器，或者几十公里外有飞机向地面发送信息，在

FAST 那里都会造成一场电磁风暴。同时，考虑到 FAST 接收的信息一般是来自遥远宇宙天体的极弱无线电信号，任何轻微的电波干扰都将使 FAST 失去威力，而气候因素也会影响 FAST 的结构设计和正常使用。于是，在 2004 年 2 月至 2005 年 2 月，贵州省无线电管理委员会和贵州省气象局对"大窝凼"进行了为期一年的无线电检测和气候环境监测。

2006 年，FAST 项目正式决定选址贵州平塘县金科村"大窝凼"（图 2-5），值此历时 12 年的选址工作圆满结束。

图 2-5 未开挖台址：贵州平塘县金科村大窝凼

道 路

为方便施工，在 FAST 的选址时期就修建了两条路（图 2-6）：一条从南垭口向右延伸，沿着这条路走，工程人员可以对相应的设备进行检修，所以这条路被命名为"环形检修道路"；从南垭口向左延伸的这条道路叫"螺旋道路"，沿着这条长达 2 公里的路走，可以直达"大锅"的最底部。

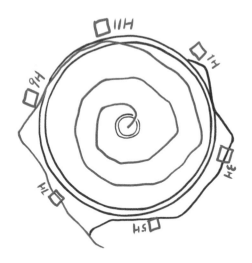

图 2-6 已修建道路示意图

（图中 1H、3H、5H、7H、9H、11H 分别为 6 座铁塔位置示意图）

排水

为了保护望远镜，施工人员沿着大坑周边的山体设计了很多纵向的排水沟（图2-7）。当天降大雨时，雨水就会汇集到一起顺着排水沟流下来。但是为什么要每隔一段再设计一圈环形的排水沟呢？这是因为从周边山上到窝凼底部的最大高差有500多米，如果雨水直接顺着山体流下来，速度会变得越来越快，动量也就越来越大，大量的泥土会被雨水冲刷走，从而造成山体的不稳定。所以，每一隔一定的距离会布置一圈环形排水沟，雨水会沿着纵向的排水沟先汇聚到环形排水沟，减速后再沿着纵向的排水沟流向凼底。

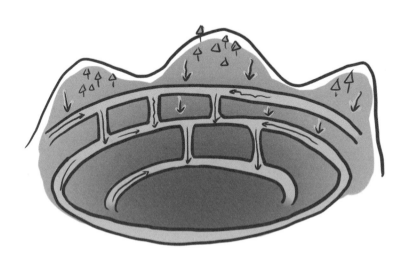

图 2-7 排水沟

雨水在凼底会渗到地下的暗河，但是科学家和工程师们考虑到，假如遇到暴雨，可能会产生积水把望远镜下部的设备淹掉，这样会造成巨大的损失。所以，他们又设计了一条长约 1.09 公里的排水隧道，把大窝凼的积水快速排到地势更低的水淹凼。

边坡治理

大窝凼周边山体有很多的不稳定因素，比如破碎的石头、崩塌体等。一块几百公斤的石头从山上滚落下来，对设备的危害相当大，所以稳固山体成了一项非常重要的任务。

对于一些体积较大的石头，或成片的不牢固的连续石头，一般可以通过爆破的方式对这些不安全的因素进行清理。清理之后，剩下的相对就稳定得多。

山体上还会有大片暂时稳定，但逐渐有不稳定迹象的部分。对此，我们可以进行加固。比如，可以给一片山体喷上水泥，防止山上的泥土滑落；采用锚杆加固的技术，用一些钢筋，伸进山体里，就像是串糖葫芦一样，把这些石头串到一起，让它们更加稳定；还有一种常见的方法，就是用一张钢丝绳编制的大网兜把有碎石的山体给包起来，这些碎石就不会掉下来了（图 2-8）。

工程人员就是通过这些方法来保护望远镜的。其实，这些方法不仅可以防

止因开挖而带来不稳定的因素对望远镜下的重要设备产生破坏，而且还可以保

护自然环境。

图 2-8 边坡治理

在青山绿水之间，FAST能成为一道
美丽的科学风景。欢迎你们来这里，到
这个建成的望远镜来看一眼。

——南仁东

第 **3** 章

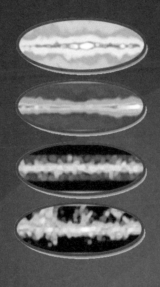

和宇宙对话

FAST 是单口径射电望远镜，那么射电波是什么，为何我们还要在可见光之外进行射电天文观测？射电天空有怎样的景观，与肉眼所见又有什么不同？FAST 能看到什么东西？

为何要进行射电观测

在认识射电天空之前，首先必须要牢记于心的概念是，肉眼能够感知的光线（可见光），不过是宽阔的电磁波谱中极为有限的一个区段，波长介于 390~700 纳米之间，换算成频率，则对应 430~770 太赫兹（1 太赫兹 = 10^{12} 赫兹）。相比之下，射电波涵盖了从几千赫兹到几百吉赫兹（1 吉赫兹 = 10^9 赫兹）的范围，频率足足跨越了 8 个数量级。

望远镜问世数百年以来，全世界的天文学家单单凭借狭窄的可见光就已做出了无数划时代的发现，所以凭直觉就不难意识到，在可见光之外的更宽阔频域，理应蕴藏着宇宙更多的秘密，等待我们去探知。这足以让我们为之振奋！

图 3-1 不同波段的天空图

不妨比较一下不同波段的天空图的异同（图3-1）。每个波段都蕴涵着不同的信息，仅凭可见光，只能窥见宇宙的"冰山一角"而已。

相对人眼不可见的其他辐射来说，地球大气层又格外眷顾射电波。在短波一端，来自外太空的紫外线、X射线以及伽马射线都会被大气阻隔，当然，这毕竟是生物赖以生存的一大基础。而波长较可见光稍长的红外光也会遭受大气中水分的强烈吸收。如果在地面观测这些频段，就算可行，也还是困难重重，所以高能天文学以及红外天文学的全面绽放是人类进入太空时代很多年之后的事情了。但射电辐射就不同了，数十兆赫兹到十数吉赫兹电磁波的大气通过率

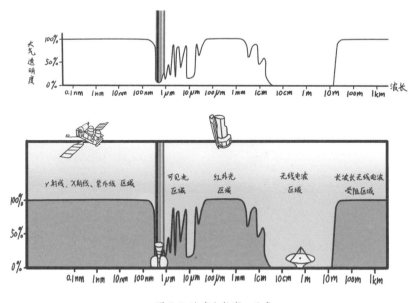

图3-2 地球大气窗口示意

甚至优于可见光。这是地球为人类认识宇宙难得开启的窗口（图3-2），当然没有不去充分利用之理。

自从供职于美国贝尔实验室的无线电工程师 K.G. 央斯基（Karl G. Jansky）在1931年意外发现来自宇宙深空的射电信号，昭示射电天文学正式诞生以来，射电波日渐成为科学家不可或缺的望天媒介，并由揭示出了太多前所未见的射电风景。而借力于第二次世界大战期间成熟起来的雷达技术，射电望远镜本身的发展突飞猛进，接收系统也越来越灵敏。

那么建造 FAST 这样的巨型射电望远镜的意义就不言而喻了。我们知道，现代光学望远镜的口径越做越大，8米、10米镜层出不穷，甚至新一代30米级光学望远镜也已经开工。对于光学望远镜来说，更大的口径意味着更强大的集光能力以及更精细的分辨本领。换句话说，如果想记录下更暗弱的星光，抑或想解析出遥远的天体更加精细的结构，增大口径是最根本的选择。在可见光波段如此，同样能够汇聚射电波的射电望远镜亦然。因此，大口径的射电望远镜除了能够更好地汇聚射电波之外，更加让我们心向往之的是它可以在这个宇宙窗口中拥有独一无二的观测能力，就像是我们的眼睛，睁开便是为了探寻更多的美丽，而它是为了观测宇宙星辰！

瑰丽的射电风景

拜发达的现代传媒所赐，宇宙天体的绚烂影像愈发流行，这其中自然是以光学影像为主。提到太空深处的景观，很多人都能在脑海中回想起那些星系、星云、星团在可见光下引人入胜的模样（图3-3、图3-4、图3-5）。

图 3-3 猎犬座的旋涡星系 M51（图片提供：Martin Pugh）

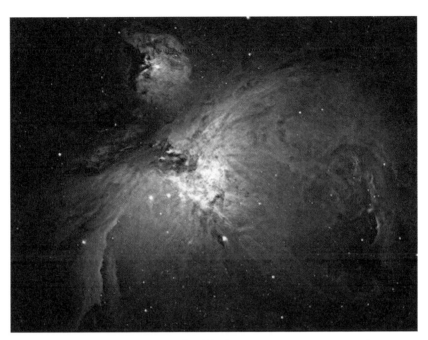

图 3-4 猎户星云 M42（图片提供：Anglo-Australian Observatory）

图 3-5 位于人马座银河系中心区域的球状星团 Terzan 5（图片提供：NASA/ESA/Hubble/F. Ferraro）

在以上这几个例子中，M51是一个典型的旋涡星系（图3-6），外形与我们所处的银河系颇有类似之处。来自星系的可见光主要由其成员恒星贡献，确切地说，是这些恒星凭借极高的表面温度发出热辐射。所以，可见光勾勒出的是星系内部恒星集中的区域——星系中心的核球，以及带有旋臂结构的星系盘。但在射电波段，景观就不太一样了。普通恒星发出的射电波强度有限，不足以成为整个星系的主宰，这回轮到在光学波段默默无闻的星际介质登场了。

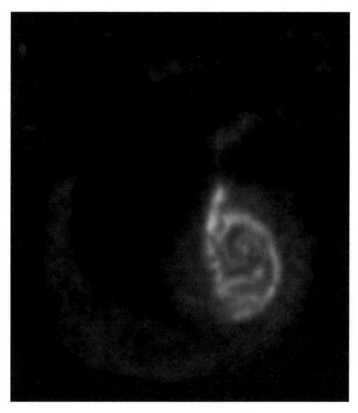

图3-6 M51的中性氢射电辐射。由于射电波是肉眼不可见的，所以图中的颜色只表示信号的强度，并不代表星系的真实色彩（图片提供：NRAO/AUI）

神秘的氢

氢是宇宙中结构最简单、含量最丰富的元素。因为这一成分直接诞生于约137亿年前的创世大爆炸，可以认为它见证了宇宙自幼年期以来的完整成长史。氢原子由一个质子和一个外围电子组成。不妨将质子和电子都想象成不停转动的陀螺，二者的转动方向有两种可能的组合——方向相同（平行）或相反（反平行）。这两个状态之间存在一个微小的能量差异，因此在彼此切换时，原子就会释放出一个射电光子，对应频率1420.4兆赫兹，波长约合21厘米，正好落在在射电波的范畴内（图3-7）。

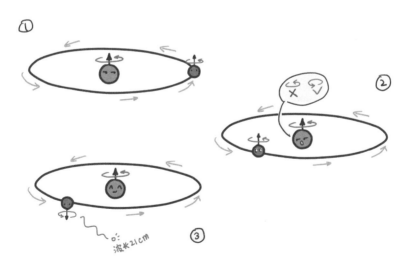

图3-7 中性氢原子释放21厘米射电波示意图

中性氢原子在质子、电子自旋平行和反平行状态之间切换时，就会发出21厘米的射电波。氢是星际介质中最普遍的成分，占据了总质量的70%左右。这些星际介质虽然不会直接形成恒星，却为未来的恒星形成过程提供了原料储备。散布在群星之间的这些物质其实是极其稀疏的。哪怕在最致密的区域，每立方厘米的粒子数量不过数百万，这个数字远比地球上条件最好的真空实验室所能达到的水平还要低好几个数量级。但是恒星之间的"空地"又是如此辽阔，其间稀疏的物质积少成多，让一个星系所拥有的介质数量甚至有可能与恒星的总和相比肩。

但只有占据星际介质总体积不到四分之一的中性氢原子才能发出21厘米射电波。首先这种成分在宇宙中的分布并不均匀。其次并非所有星系都像旋涡星系那样富含气体介质。椭圆星系的成员以年老恒星为主，包括中性氢在内的星际介质在很久之前就已经因为种种原因而耗竭了，这样的星系是不会发出太强的21厘米射电波的。在旋涡星系之内，中性氢又集中分布在星系盘的旋臂内，而在中央星系核区域以及外围星系晕中为数甚少。

中性氢的对立面是电离氢。当吸收了足够的能量之后，轨道电子会脱离氢原子核（也就是质子）的束缚，在宇宙空间中自由飞行，这个过程叫作电离。在星际介质中，使氢原子电离的能量一般来自大质量恒星充沛的紫外光，比如猎户星云就是最典型也是最明亮的电离氢区之一。

当然，说是电离氢区，其内的氢元素也不会百分之百被电离。猎户星云发

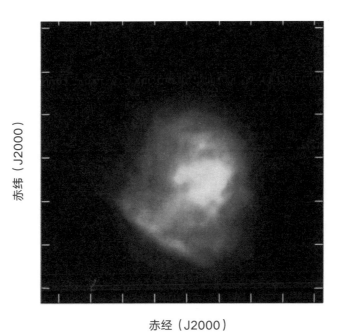

图3-8 猎户座星云的射电连续谱影像（图片提供：NRAO/AUI）

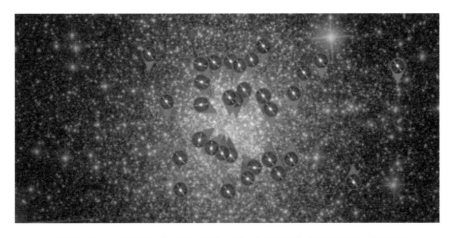

图3-9 Terzan 5星团中已经发现的脉冲星，总数已经达到了35颗以上（图片提供：B. Saxton（NRAO/AUI/NSF）；GBO/AUI/NSF；NASA/ESA Hubble, F. Ferraro）

出的红光就来自其中尚未电离的氢原子的电子轨道跃迁。而若换用射电波来观测这里，我们就可以看到电离氢的分布——带电粒子在星际磁场中运动时，也会发出射电波（图3-8）。由于这样的辐射往往会涵盖相当宽的频段，而且无论在形态还是性质上都与热辐射迥异，我们称其为非热连续谱。

除了氢元素，天文学家还通过射电特征谱线，在宇宙中找到了众多复杂程度各异的分子。比如，经常与剧烈的恒星过程相关的羟基（OH）、往往与高密度氢分子成协的一氧化碳（CO），以及甲醛、甲醇等更复杂的一系列有机分子。这些分子大都与恒星形成过程相关，是星际生态系统的重要组成部分。要知道，产生恒星的温床往往伴随着大量不透明的尘埃物质，难以在可见光下观测，所以射电波的重要性就愈发凸显了出来。

球状星团就是另一回事了。与以年老恒星为主的椭圆星系类似，这种星团也缺乏气体和年轻恒星，因此并非中性氢谱线或电离氢非热辐射的集中区。但这些恒星密度极高的集合体往往富含宇宙灯塔——脉冲星（图3-9），针对它们进行的射电观测大抵以搜寻更多脉冲星，并对已知脉冲星样本进行持续监测为目的。

宇宙的灯塔——脉冲星

脉冲星（图3-10）其实就是具有辐射束的中子星，这类天体的发现算是射电天文学最重要的成果之一。每颗中子星的质量相当于太阳的 1.4 倍以上，但尺寸还不及一座城市大小，直径只有 10 余千米。所以，这类天体密度极高，一汤匙的物质就可以达到数十亿吨。中子星起源于大质量恒星死亡时的超新星爆发，新生个体拥有极强的磁场。由于星球的磁轴与自转轴往往不会完全重合，而是存在一个交角，所以源于磁场极区的辐射束随着中子星的自转会发生摇摆，扫过地球时即产生我们接收到的脉冲轮廓。现在人们已经发现了 2700 多颗脉冲星，其中又以射电脉冲星居多，它们构成了射电天空中又一道独特的风景线。

实际上，并不是所有的脉冲星都身居球状星团中。在 2700 多颗已知脉冲星中，只有 100 多颗是在星团中发现的，其他都是所谓的"场星"，更趋向于银河系的盘面集中，而不是像球状星团那样散布在球形的银冕内。

生于不同环境的脉冲星，它们的物理特性虽无差异，但因为身处的演化环境不同，所以行为迥异。脉冲星的能量来自星体自转减慢的过程。孤立个体的脉冲星只会越转越慢，然后辐射束能量逐渐减弱，最终不再以脉冲星的形式示人。处在星团中的脉冲星却不同，星团的密集环境会为脉冲星提供与其他恒星频繁相互作用，并从后者吸取动能给自身提速的机会。所以星团中的脉冲星数量虽少，却富含罕见的毫秒脉冲星——它们每自转一周，耗时还不到 10 毫秒。

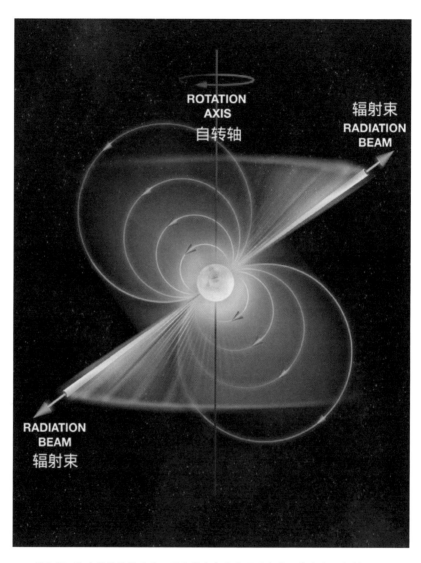

图3-10 脉冲星的结构示意。图中蓝色部分表示磁力线，黄色表示辐射束，红色表示星体自转轴（图片来源：Bill Saxton, NRAO/AUI/NSF）

其他风景

除了前面所提到的星际介质和脉冲星，类星体（图3-11）和宇宙微波背景辐射也都是射电天空的重要分子。类星体是遥远宇宙中身居星系中心的特大质量黑洞，它们疯狂地吸积着周围的物质，并释放出了包括射电在内的全波段辐射，其亮度甚至盖过了整个星系。充斥全天的 2.7 开尔文宇宙微波背景则是少见的射电热辐射，它是我们能够探测到的最古老光子，也是宇宙创世大爆炸的回响。

图3-11　艺术家笔下的类星体，星系中央庞大的黑洞吸积的物质在黑洞周边形成了吸积盘，盘中的部分物质又在磁场作用下形成一对喷流（图片提供：ESO/M. Kommesser）

在这些相对持久的射电天体之外，一系列新近浮出水面的射电瞬变源也吸引了越来越多的天文学家。它们虽然持续时间只有数毫秒，但能量释放惊人，快速射电暴就是这其中的代表。虽然根据估计，它们的发生频率可以高达每天数千次，但想要捕获这样一次爆发却是碰运气的事情。所以，现在已知的快速射电暴总数也只有不到 70。天文学家对这些神秘爆发的认识甚少，只能说它们看上去来自银河系之外，而且很可能与中子星相关的剧烈过程有关。这样的事件虽然来无影去无踪甚至能否复发都不好确定，但是它们代表了射电天空狂乱而又动态的一面。

使命

射电天空中的风景，神秘而瑰丽，我们领略过，终于也将要一探究竟。

FAST 的这架望远镜首当其冲的优点是它的超大的接收面积。前文说过，对于天文望远镜而言，接收面积的大小意味着灵敏度的高低。所以，FAST 的灵敏度在同类仪器中绝对是首屈一指，因此其他望远镜无法探测到的细微信号也有可能被 FAST 捕获。凭借它，我们有望发现更多暗淡的射电天体，并且更清晰地了解已知弱源，为射电天空添加更多的色彩。

事实上，凭借 FAST 超高灵敏度，科学家们已经发现了多颗脉冲星，这对于中国天文学界来说是值得骄傲的。

小知识

FAST 望远镜发现的第一颗脉冲星

科学家利用 FAST 望远镜发现的第一颗脉冲星——PSR J1859-0131（图 3-12）（这里的"PSR"是脉冲星的英文"pulsar"的缩写，而 J1859-0131 表示该星球历元 2000 的赤道坐标）是望远镜在为时不到 1 分钟的漂移扫描（也就是固定望远镜，借助地球自转扫描天空）期间发现的，后来得到了澳大利亚 64 米帕克斯（Parkes）望远镜的证实。而后者为了进行脉冲星验证，足足跟踪了 35 分钟！这里固然要考虑两架望远镜当时所用的接收机覆盖频段不同，FAST 所选用的仪器能够捕获脉冲星更多更强烈的辐射，但 FAST 的超大有效反射面带来的灵敏度优势也是不容否认的。随着测试工作的展开，FAST 也将被用于考察除脉冲星外其他各种各样的天体，期间科学家们的观测和研究必然也会受惠于它巨大的口径。

FAST 的另一个优势是相较于同类型大口径射电望远镜的主动反射面技术而言的，FAST 拥有的较大可观测天区，也就是说它能"看见"的范围更大。当然，这个可观测天区大，只是相对其他的固定式望远镜的而言，跟全可动式天线还是远远不能比的。但是就算如此，FAST 已然可以覆盖众多的目标了，其中包括河外脉冲星搜索的热门选择——仙女星系（M31），还有著名的恒星形成区——猎户星云等。

图3-12 FAST望远镜发现的第一颗脉冲星——J1859-0131（这是中国天文学家
第一次使用国内仪器发现脉冲星）

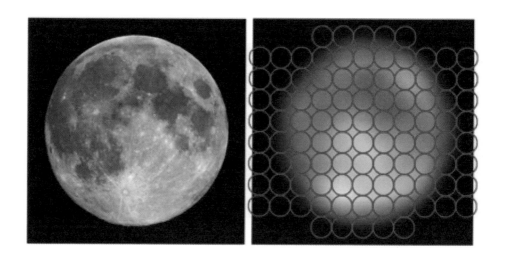

图3-13 左为人眼所见的月面，右为以FAST的分辨率解析出的月面，较左侧"粗糙"了太多

FAST 的能力虽然很强，但也不能称其为万能。FAST 的解析能力的确可以算是单天线射电望远镜的翘楚，但它的分辨率之"粗糙"，可能会让外行大吃一惊。这是因为分辨率除了与望远镜的口径直接挂钩之外，更取决于仪器所接收的电磁波波长，在相同口径的条件下，工作波长越长，分辨率越差。所以FAST 规模庞大、外观气势慑人不假，然而其所能探查的细节还远远不如人眼。假设我们以 FAST 的分辨率眺望月面，所得的效果可能就不能让人满意了（图3-13）。

换句话说，大家不要指望 FAST 单凭自己的力量，就能以媲美大型光学望远镜的精度来记录某个深空天体的射电辐射细节。它只能用来测绘射电波在较大尺度上的起伏。好在凭借现代射电天文技术，单天线望远镜分辨率受限的缺陷并非不能克服。

FAST 的观测波段当前还只是 70 兆赫兹 ~3 吉赫兹（远期目标也不过是扩展到 8 吉赫兹），所以频率超出这一范围的信号哪怕再强烈，它也无法接收到。比如，宇宙微波背景辐射的对应峰值频率足有 160 吉赫兹以上；一氧化碳等星际分子的谱线也大量落在了毫米波甚至亚毫米波频段。这都远远超出了FAST 覆盖能力上限。综合这架望远镜的上述优缺点，天文学家为 FAST 拟定了如下应用目标：发现更多的新脉冲星，并持续监测已知脉冲星；找寻新的快速射电暴；开展中性氢巡天；观测谱线频率落在 FAST 能力范围内的星际分子；参与甚长基线干涉（VLBI）测量，提升现有 VLBI 网的灵敏度。

而最后一条，其实就是提升射电望远镜分辨率的关键。

寻找脉冲星的"新武器"

利用 FAST 望远镜的高灵敏度和大天顶角覆盖的长处，科学家们搜寻新脉冲星的前景不可小觑。根据最乐观的估计，利用 FAST 科学家们有望捕获数千颗先前未知的脉冲星；就算保守推测，发现近千颗新样本也是极有可能的。这样，科学家在数年的观测中就能取得利用其他望远镜积累数十年的成果。而这还不是单纯在增加脉冲星的数量，一些前所未闻的新花样也有更多机会现身，包括第一颗身居大小麦哲伦云之外的河外射电脉冲星，自转超快（周期在毫秒级甚至更短）或超慢（周期近 10 秒甚至更长）的脉冲星，以及由脉冲星和黑洞组成的双星系统。

那么我们利用 FAST 找到这么多脉冲星，这又有怎样的实际意义呢？

从基础物理学的角度来说，脉冲星是自然提供给我们的致密物质天然实验室。前面说过，这类天体密度惊人，这是因为其内部早已不存在普通意义上的原子，而是像原子核那样，质子、中子（甚至是夸克）紧密地挤压在一起。从这个角度来看，称整个脉冲星为一个巨型原子核也不为过。想好好研究这种极端物态下的物质性质，深入认识基本粒子相互作用力的本性，在地面上是很难做到的，不过脉冲星的周期却提供了难得的线索——核子之间的结合力虽强但也有限。如果星体转速过快，让向外的离心力克服了粒子之间的束缚，脉冲星就会解体而不复存在。不过，不同致密物态所提供的束缚力大小不等，比如夸克物质据悉就比普通的核子结合得更为紧密。如果能够找到周期超短的脉冲星，必然会为粒子物理学带来深刻的启发。

而找寻长周期的脉冲星也有着独特的作用——揭示星体的辐射机制和演化。虽然现在距离脉冲星的第一次发现已经过去了50年有余，辐射束周期性扫过地球的灯塔模型早已深入人心，但天文学家至今不敢肯定已经充分了解了这种辐射的来源。由于脉冲星周期的减慢对应辐射能量的损失过程，当脉冲星自转变得足够慢、能量损失积累到一定程度之后，辐射也不可避免地要逐渐熄灭。这个熄灭的关键时间点，自然也就取决于辐射区的形态和辐射产生的机制。把脉冲周期的上限定得越精确，我们对这种天体的认识也会越明朗、越清晰。

从实际应用来说，脉冲星的周期长度极稳定，尤其是自转周期在毫秒级的那些，完全可以充当走时最准确的时钟使用，精度堪比最精密的原子钟，所以具有航天导航的应用前景。与传统导航方式相比，更可摆脱对卫星的依赖，适用范围更广。脉冲到达时间相对理论值的微弱变化还可以用来测量时空中的涟漪，最终发现地面探测器无力感知的低频引力波辐射——这是因为，引力波意味着时空本身的张弛，在这种信号经过地球的时候，脉冲星和地球的距离随之改变，让脉冲稍稍提前或推后才能被接收到。但这一切的实现都要以精确的脉冲星观测为前提，而这必将依赖于望远镜性能的提升。

FAST 就为我们提供了一个绝佳的机会！

破译低频天空之谜

在快速射电暴研究领域，FAST 最大的优势倒并不在于借助灵敏度，实现爆发数量的快速积累。根据估计，在 FAST 每 1000 小时的观测时间内，科学家们只能发现个位数的射电暴。虽说这样的预期并不差，也会发现一些新暴，但如此探测率终究无法与中国的天籁阵列、加拿大氢线强度测绘实验（CHIME）以及未来的平方公里阵这样的大视场射电阵列相抗衡。不过 FAST 的高灵敏度可以在爆发过后得到充分发挥。因为 FAST 的能力不仅可以保证被发现的每个快速射电暴都能得到足够深入的后续观测。而且还可以更好地帮助科学家们调查其他望远镜的发现，助力破译这类低频天空的谜题。

探寻神秘的氢

大规模中性氢巡天则是在考虑 FAST 望远镜有限的分辨率之后制定的方案。这样的观测，其主旨在于普查氢原子在宇宙中大致的分布情况，而非勾勒出单个氢云的细节。虽然无论是在银河系之内还是之外，都已经有不少射电望远镜利用中性氢谱线将全天扫遍，但这些已有的工作要么受限于望远镜的精度，

图3-14 HI4PI巡天描绘出的河内中性氢全天分布图，这已经是当前最佳的银河系内HI全天巡天了，但因为使用的只是百米级全可动式天线，分辨率只有10余角分（图片提供：HI4PI Collaboration）

要么所关注的天区范围有限，而FAST则可以在相对较高的分辨率和较大的覆盖范围之间取得平衡。

中性氢巡天的关注点如果只在银河系之内，那么最主要的收获就是大型中性氢云的大体分布（图3-14）。这些气体主要集中于银盘，它们不仅是勾勒银河旋臂结构的关键媒介，它们的运动方向和速度还诉说着银河系经历过的动力学演化。而考虑到中性氢作为恒星形成过程原料储备军的身份，它与分子氢之间的关系更是值得探讨的话题。FAST的分辨率已然可以满足要求，所以这架望远镜即将开展的银河系内巡天想必会为我们了解恒星演化带来新知。

在银河系之外，中性氢也主要集中在旋涡星系或不规则星系的星系盘中。

由中性氢标明的星系盘尺度、质量分布是解码星系乃至整个宇宙演化过程的金钥匙。FAST 的灵敏度赋予了它发现低质量中性氢辐射体、更好地确定星系质量分布形式的能力。而其巡天用的 19 波束接收机还能向下覆盖到 1.05 吉赫兹的频率，故而关注的红移范围也较之前的同类仪器更大，更适宜探知早期宇宙中的星系。这些都将帮助科学家认识银河系外的辽阔空间，甚至大量对比河内河外的情况，使我们充分认识银河系与其他星系的异同。

同样地，利用 FAST 开展其他分子谱线观测的目的，也在于充分发挥其自身的优势，找到更多暗弱的谱线发射源，并更加清晰地记录强源。因为这些分子成分往往是恒星形成活动的表征，这样的观测无疑也会大大促进我们对恒星生命循环以及星系内部环境的了解。

参与更高精度的宇宙探测

我们还是有必要谈一谈 FAST 望远镜分辨率提升的问题的。因为望远镜所能解析的最小细节宽度正比于波长，反比于口径。既然观测波长并非随心所欲，想要辨识出更精密的细节，就只能在大口径上做文章了。然而，受工程技术能力以及材料强度的限制，单口径射电望远镜是不可能做到无限大的。为了克服这一问题，干涉仪技术应运而生。

同一束射电波被不同天线接收，之间是存在光程差异的，由此直接导致各天线的接收信号之间存在一个相位差。将不同天线接收到的信号彼此相关，结果就是当天线之间的光程差等于波长整数倍时，信号增强，半波长奇数倍时，信号减弱，于是就形成了干涉条纹。在这种情况下，整套系统的分辨率只取决于天线最大间距（也就是基线长度），于是分辨率问题得到了解决。例如，甚长基线干涉仪，科学家们利用遍布世界各地（甚至是发射进太空中）的大批射电望远镜，使得基线的长度可以跨洲越洋，由此取得了惊人的高分辨率（毫角秒级），并且一次次地刷新了天文观测的记录。

不过干涉技术只能解决"看得清"的问题，要想看得清，前提还得要看得见。想看见更暗的天体，干涉阵的灵敏度就要提升，而这取决于阵列天线的总接收面积。在这些既定科学目标之外，谁知道借助于 FAST 我们又能发现怎样的新现象呢？毕竟最大的惊喜来自未知，至于现在，还是让我们拭目以待吧！

射电望远镜、大窝凼、反射面板、索网……这些原本互不关联的名词，因为FAST而组合在一起，共同解读着它的妙不可言。

　　但体型巨大，并不意味着不堪重负。于是，反射面板以带孔洞的方式出现在世人面前，风从这里吹过、雨从这里穿过、阳光从这里洒过……

第 **4** 章

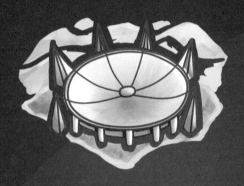

一个工程与艺术结合的世界

地球上传世的经典建筑，是人类文明的见证。

历史与艺术在此交相辉映，时间的磨砺会让魅力永恒。

FAST，又何尝不是如此？

三个问题

我们生活中经常遇到的三个经典的哲学性问题："你是谁？从哪来？到哪去？"与此相似，大部分第一次听到"FAST 主动反射面系统"这个词的人往往也会在心中浮现出三个问题："它长什么样？干什么用？为什么叫这么奇怪的名字？"

它的样子

在这里我们给出一个"相对严谨"的解释。在图 4-1 中，除了那 6 座高塔、

图4-1 FAST望远镜整体结构简图（只包含主动反射面系统
和6塔、6钢索、馈源舱）

与塔相连的6根"线"以及6根"线"共同牵引的"点"以外，其他视线可

及的部分都是FAST主动反射面系统，其实，主要就是那口"大锅"。

它的作用

20世纪七八十年代的中国，家用电视机的信号接收依靠的是天线，它的

样子像是一口"小锅"（图4-2）。与它相似，FAST主动反射面系统是一口

图 4-2 FAST 与普通天线对比

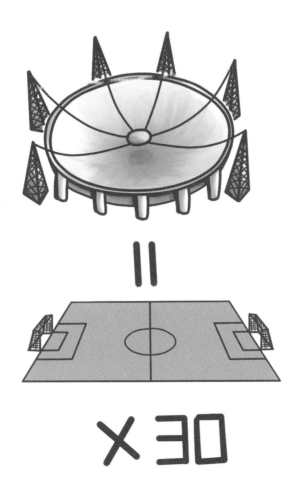

图 4-3 反射单元面积与足球场面积关系示意图

更大的"锅",它可以容纳 30 个足球场(图 4-3)。只不过 FAST 这口"大锅"不是用来接收电视信号的,而是用于接收来自宇宙的海量无线电波,寻找号称宇宙灯塔的"脉冲星"或者探索神秘古老的"中性氢"的。

奇怪的名字

它的名字像是拗口的术语，但其实"主动反射面系统"的关键就在于"主动"二字，它是 FAST 三大自主创新之一，当然 FAST 望远镜还具有独一无二的贵州天然喀斯特洼地台址、轻型索拖动馈源平台技术的特色。与同类型的美国阿雷西博（Arecibo）望远镜的被动接收电磁波不同，FAST 望远镜反射面是主动可调的。依靠精心的设计，中国的科学家和工程师做出了令世界震惊的工程奇迹，"主动可调节"成为 FAST 重要的标志。

细说"大锅"之工作原理

FAST 主动反射面系统本质上就是一口能够通过主动"变形"来接收宇宙信号的"大锅"，那么它是如何"变形"的呢？

主动反射面系统中的"主动改正球差技术"在 FAST 望远镜的"技术家族"中有着举足轻重的地位，但这个创新的原理却并不是很复杂。

科学家们建造 FAST 的目的是为了尽量多地接收宇宙中遥远天体的电磁

信号，并以相对简单的方式对这些信号进行分析和存储。因此，如果想观测到更多的天体就需要望远镜有较大的天空覆盖面积和较为灵活的有效照明孔径。而若要信号的接收过程相对方便快捷，最好是能使反射的电磁波汇聚在一点。

我们知道，球面能将平行入射的电磁波汇聚在一条线上。而抛物面却可以将这些电磁波汇聚在焦点上，众所周知的是球面和抛物面的面型差距非常小。于是，科学家们就考虑：我们是不是可以设计一个在大型球面上完成局部拟合形成抛物面的望远镜呢？这样既能尽量多地观测宇宙天体，又能相对简单地汇聚电磁信号。FAST 项目就这样应运而生。

球面的口径为 500 米，局部形成的瞬时抛物面口径为 300 米（图

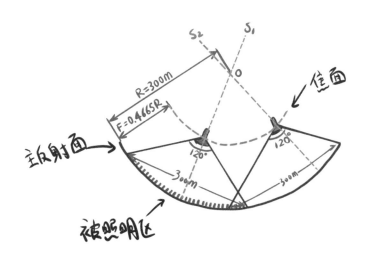

图 4-4 主反射角度图

4-4）。总结起来，FAST 主动改正球差技术的核心就是在一个口径为 500 米的球冠状反射面上形成一个照明口径为 300 米的瞬时抛物面，这个瞬时抛物面可以根据被观测天体的不同，实时改变方位。

这个系统到底是如何在 500 米球面上形成 300 米抛物面的？如果你想从细节上理解这个系统是怎么主动变位的，在这里就不得不提到它的几个组成结构了：圈梁、反射面单元、索网、促动器、地锚等。

FAST 主动反射面系统并不像家里灶台上用来炒菜的锅一样，它不是由"一块"钢或铁等金属材料构成的，其实"整个大锅"是由多块面板拼接而成的。

主索网安装在环形圈梁内侧，采用短程线网格划分，在主索网的活动节点上安装有节点盘，节点盘上铺设反射面单元，各反射面单元之间还留有很多缝隙。同时，在每个节点盘下方连有相应的下拉索和促动器，促动器再与固定在地面上的地锚连接（图 4-5）。在望远镜工作时，根据被观测天体角度的不同，由促动器同时张拉索网调节该区域内的反射面单元，在 500 米口径的球面上形成有效照明口径为 300 米的抛物面，进而完成对目标源的指向性跟踪。

细说"大锅"之组成结构

为了能够满足 FAST 的工作需求，在主动反射面系统的组成上，科学家们以

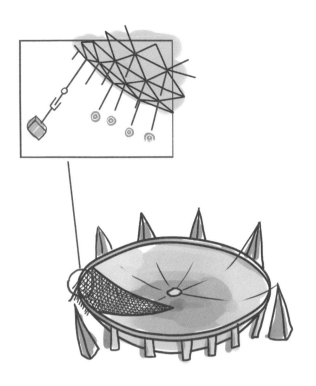

图 4-5 主动反射面系统细节图

及工程师们经历了艰苦卓绝的建设历程。在这里，小到一个螺丝钉，大到一个关键部件，都会让你在走近大科学装置的同时也能深切地体会到它的建造之美。

圈梁钢结构工程

"圈梁"这个专业名词，很多人不一定了解。但施工工人们晚饭后最喜欢散步的地方就是这里，他们不会说"圈梁"，他们可能会说："就是那个大大的圆圈嘛，一圈走下来要半个多小时，风景好着呢！"

他们口中"大大的圆圈"就是 FAST 的圈梁钢结构工程。这个工程主要由圈梁、格构柱、马道和爬梯四个部分组成。其中，格构柱共有 50 根，分布在直径为 500 米的圆周上，最矮的为 6.419 米，最高的为 50.419 米。圈梁为横截面 5.5 米 ×11 米的桁架，绕着直径为 500 米的圆周布置（图 4-6）。圈梁上设置了专门为反射面板吊装设备预留的轨道。格构柱和圈梁之间通过双向滑移支座、抗拔装置、水平连杆装置连接，这种支承方案简化了主索边界的连接固定，易于主索网格的划分，结构形式相对简单，受力更加合理。

那么大一个圈梁和 50 根格构柱连接在一起，万一夏天温度过高胀坏了怎

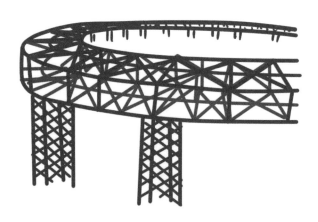

图 4-6　圈梁格构柱

么办？这个问题 FAST 工程团队早已考虑到了，科学家们在圈梁与格构柱之间的设置了连接装置——滑移支座（图 1 7）。

　　整个圈梁通过多个滑移支座"摆放"在 50 根格构柱上，通过球节点在支

图4-7 滑移支座。图中的绿色部分，工作原理为：通过图中紫色圈梁内圈下弦杆连接圈梁，蓝色格构柱节点连接格构柱。在热胀冷缩时，绿色的滑移支座可以自适应地滑动（主要是径向滑动）

座上的滑动，使圈梁实现随温度变化自适应地释放应力，从而保证圈梁以圆环形状在极小范围内整体放大或缩小。另外，这种滑移支座也减小了由于格构柱

高度不同对反射面产生的影响。

在圈梁内部设置了马道。在相邻格构柱之间均布设置有2个马道吊篮，并在个别格构柱上设置了从地面至马道的钢爬梯。专门为工人维护和检修望远镜时使用（图4-8）。

图4-8 马道、吊篮和爬梯

圈梁钢结构工程从2013年6月7日开始拼装施工（图4-9），在现场条件非常复杂的情况下，工程师们精心设计圈梁吊装方案，不断完善起吊、滑移、安装等工序。在工程实施过程中，整个施工团队克服了许多困难，也造就了很多精妙的施工方法。圈梁钢结构工程于 2013 年 12 月 31 日顺利合拢，并于 2014 年 9 月 11 日通过验收，它是 FAST 工程建设的第一个里程碑式的节点。

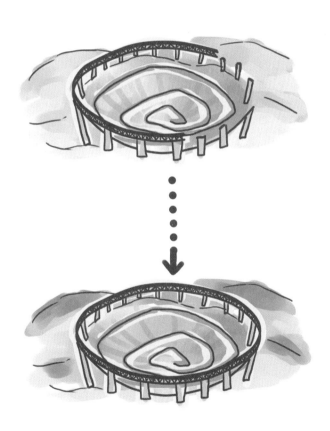

图4-9　圈梁合拢示意图，（上）正在合拢的圈梁
（下）合拢后的圈梁

公认的难题

FAST 有着无数的工程难点和技术创新，如果要从中挑选最重要的一项，可能一时间让人无从下手，但是如果要挑选最难的一项，那么，索网制造与安装工程绝对是当仁不让的。

整个索网结构（图 4-10）是由 6670 根主索编织而成的、直径为 500 米的网状结构，每根主索的两端均与节点盘相连，每个节点盘下面连有一个下拉索。这样的节点盘和下拉索共有 2225 个，是不是有种"剪不断理还乱"的感觉呢？

索网工程到底有多难？可以这么说，这个工程是一项值得我们骄傲的国家科技创新！

FAST 索网是世界上跨度最大、精度最高的索网结构，是世界上首个采用变位工作方式的索网体系。它的超大跨度索网安装方案设计、超高疲劳性能钢索结构研制、超高精度索结构制造工艺等在国际上都是公认的重大难题。仅以超高疲劳性能的钢索研制为例，FAST 工程对拉索疲劳性能的要求相当于国际规范中规定值的 2 倍，国内外均没有可借鉴的经验或可参考的资料。整个研制工作经历了反复的"失败－认识－修改－完善"过程，最终历时一年半才完成技术攻关。

索网工程首创的恒温室"毫米级"索长调节装置及方法，索长精度达到

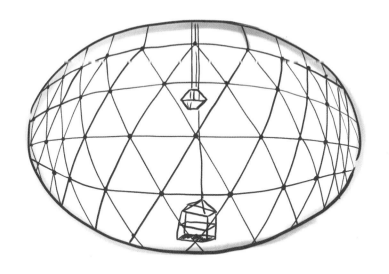

图 4-10 索网主体

±1毫米，误差小于万分之一，相对于行业标准的 15 毫米是量级的提升。这个工程实现了在复杂地形条件下高空大型空间索网的施工，500 米跨度的索网位形精度达到了 ±5 毫米以内，相对精度达到了十万分之一。相信在未来很长时间内，该工程都将是我国大跨度预应力结构安装工程的标杆。

主动变位动力源

在 FAST 主动反射面系统的众多组成结构中，液压促动器是唯一一个驱动装置，数量多达 2225 套，专业的解释是：促动器是可以进行控制和位置反馈的伸缩机构，一端与地锚固定，另一端与下拉索铰接。根据控制信号指令，促动器克服索网内力产生的下拉索拉力，通过改变自身长度来改变地锚与索网活动节点下拉索端头的间距，从而调整索网活动节点的位置，实现 FAST 主动反射面的面形调整。听着或许有点难以理解，简单来说，促动器就是一种伸缩装置，通过它的运动可以调节反射面面形精度，只不过它是一个集机、电、液于一体的复杂的集成设备。

促动器的安装过程也非常艰难，2225 个促动器分布的位置各不相同：有的在路边，有的在坑底，有的甚至在半山的"悬崖峭壁"上。由于数量多，位置又分布广泛，施工车辆无法到达，每一台促动器都需要大约 4 个工人抬到指定位置安装，整个促动器工程的安装难度可想而知。即便如此，在 FAST 技术人员和当地工人的不懈努力下，所有的促动器还是在预定时间内全部安装完成了。

地锚工程

地锚工程可以说是整个主动反射面系统的坚强后盾，任凭外界风吹雨打，它都岿然不动。地锚工程是促动器的基础，也是望远镜反射面实现变位工作的基准。因为与促动器一一对应，所以锚墩与促动器数量一致，共有 2225 个，每一个地锚都与促动器相连，保证促动器在强大索网内力作用下不会被"连根

图 4-11 促动器、地锚以及安装所需人力

拔起"。由于施工场地地形复杂，施工机器设备难以进入，所以地锚工程以人工作业为主（图 4-11）。

反射面工程

前文也提到，FAST 的"锅体"并不是铁板一块，而是由若干个面板拼接而成的，这面板就是反射面单元。FAST 共有 4450 个反射面单元，根据索网划分形式的不同，其中有 4300 个是三角形反射面单元，有 150 个是四边形反射面单元。它们通过端点处的连接机构安放在索网节点盘上。

那么问题来了，这么大一口"锅"，如果下雨了锅内会不会就积满水了？答案是否定的。FAST 反射面系统是一口不能盛东西的"锅"，根本原因就与反射面单元有关。在经过无数次的试验以后，最终确定的反射面单元的材质为冲孔铝板，铝板厚度为 1.0 毫米，小孔直径为 5 毫米，这些小孔使得反射面具有超过 50% 的透光率，在减轻整体重量的同时还能使得阳光雨露顺利通过，保证望远镜下方的绿色植被健康生长（图 4-12）。

FAST 反射面面板非常薄，上面又有很多小孔，如果遇到腐蚀性的气体或液体该怎么办？考虑到这个问题，FAST 工程团队在面板安装之前会对每一块面板进行"阳极氧化"处理，目的是在表面形成一层致密的保护膜以防止腐蚀。但由于在阳极氧化过程中，温度、湿度、时间等因素都会对面板颜色造成影响，且面板数量庞大，如果刻意保持颜色的一致便会增加不必要的成本。无心插柳一般似地，工程师们让面板在组合之后呈现了"雪花美景"（图 4-13）。

其实那些边长为 11 米左右的反射面单元（图 4-14）也并不是反射面的最小单位，因为每个三角形反射面单元由 100 块铆接式面板子单元拼接组成。这些面板子单元由冲孔铝板、连接机构等组成，安装在背架上方的调整装置上。

由于反射面单元的设计和安装都具有很大的难度和很强的专业性。工程师们发现，反射面单元的设计制造拼装选择具有大型天线及空间网架生产的单位来进行较为合适，而反射面单元的吊装（图 4-15）根据 FAST 的特点和现场

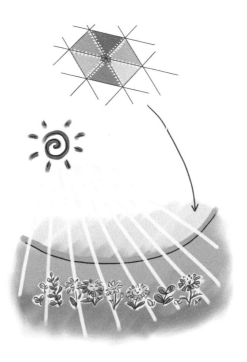

图 4-12 透过带孔的面板，望远镜下面的绿色植被愉快地生长

图 4-13 反射面版呈现出精美的雪花图案

情况，选择具有大型设备安装经验的单位来实施更为合适。因此它的设计制造和面板吊装是分别由两个施工单位完成的。

反射面工程是 FAST 最后一个设备工程，施工人员经过 11 个月的努力，在克服了大尺度、高精度的拼装施工难点以及跨度大、位置高等吊装施工难题后，近 30 个足球场面积的反射面由一块块反射面单元逐渐铺设完成。

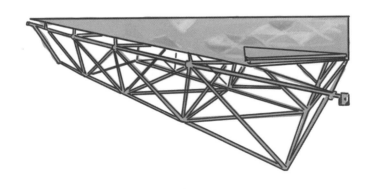

图 4-14 反射单元

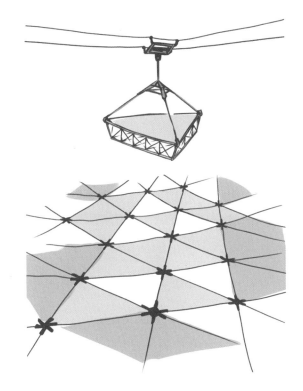

图 4-15 反射面单元吊装

挡风墙工程

　　FAST 挡风墙（图 4-16）用于阻挡由大窝凼外的山谷来风，从而降低 FAST 反射面的风载，起到保护主体结构的作用。其墙体主要由钢柱、钢梁以及彩钢板等组成。由于垭口地势起伏产生的钢结构与地基之间的间隙,因此使用加气混凝土砌块进行封闭。

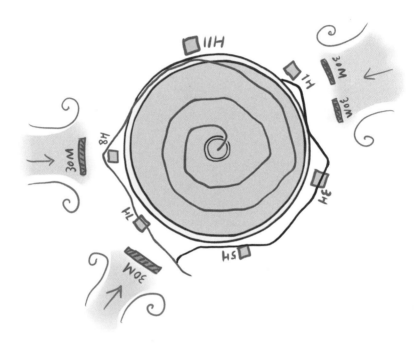

图 4-16 挡风墙分布图

健康监测系统

FAST 健康监测系统是用来对 FAST 整体结构进行状态监测的。主动反射面系统结构复杂,设计寿命是 30 年。环境侵蚀、材料老化以及疲劳效应等因素将不可避免地导致结构的损伤积累和抗力衰减，从而使得望远镜抵抗自然灾害甚至正常环境作用的能力下降，极端情况下甚至会引发灾难性事故。而FAST 健康监测系统的作用就是要通过实时监测结构的内力、形变等参量，结合监测数据评估结构的安全水平并进行预警。与常规的监测系统不同，FAST健康监测系统的特点主要体现在"多"上，它包含了环境监测、圈梁监测、格构柱监测、索网监测、促动器监测等多个监测项目，涉及的监测点、传感器数量及传感器类型之"多"都是前所未有的。

图 4-17　FAST 在上述因素下变得"萎靡"，健康监测系统帮它"治愈"

站在大窝凼的山峰俯视，FAST像一个敞开的温暖怀抱，等待着来自遥远星系的消息。而站在大窝凼凼底，透过这些密集的小孔仰望，能看到阳光，能听到风声。

　　这如潮涌般空灵的声响，就是FAST与大自然一道奏响的欢乐序曲。

第 **5** 章

如何"看见"宇宙之光

外太空发射的电磁波遇到望远镜会产生反射，反射后的电磁波汇集于望远镜高空中的接收系统－－馈源。它像是我们和外太空沟通的"话筒"，那些微弱的射电信号成为我们探索宇宙的强有力的工具。神秘的宇宙正以它的方式在和地球沟通着，而我们正在聆听。

天眼巨珠——馈源舱工程

馈源舱是 FAST 工程的核心部件，是一个集结构、机构、测量、控制等相关技术于一体的多变量、非线性、复杂的耦合多体动力学系统。有人说 FAST 望远镜像是地球的眼睛一般，在窥探着宇宙的秘密。那么馈源就相当于这眼睛中晶莹的眼珠一般，帮助中国天眼，搜寻着亿万光年外的太空秘密。

远远看去，6 索悬吊的馈源舱像一个小小的空间站。在望远镜的巨大的反射面的衬托下，它悬于上空，显得那么小，甚至有点不起眼。但实际上，馈源舱的大小相当于一间 130 平方米的屋子。馈源舱内部配置多个波段的信号接收设备，收集反射面汇聚的宇宙无线电波，并通过宽带光纤传输到终端设备，科学家们以此来分析获得的天体物理信息。

刚性六杆并联机器人

　　馈源舱要克服其他因素的扰动，保证接收机实现高精度的指向定位，主要依靠刚性六杆并联机器人——STEWART（图5-1）。

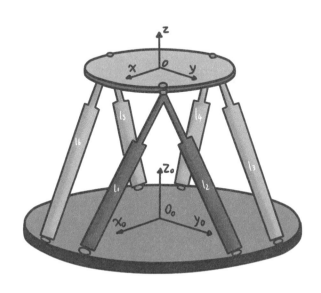

图 5-1 刚性六杆并联机器人

特殊的机器人

STEWART 并联机器人是 20 世纪 70 年代提出的，其基本构成可分为动平台、静平台和六个空间支腿三个部分，每个支腿和动平台用球铰相连，和静平台则用胡克铰相连。它最早应用于飞行模拟器。

在 FAST 望远镜中，直径约 3 米的动平台上承载着大体型的接收机。当 6 根钢索牵引着"眼珠"在高空中进行观测时，由于铁塔的变形、温度变化、钢丝绳的弹变、风等因素的影响，馈源舱的位置控制存在一个小于 48 毫米的误差，这 48 毫米的误差就需要 STEWART 并联机器人进一步对位置进行补偿，保证位置误差小于 30 毫米，姿态误差小于 0.5 度。

"斤斤计较"的馈源舱

直观地看，直径约 13 米的馈源舱在 500 米口径的 FAST 中并不显眼。但是，馈源舱却是集合了结构、测量、控制、配电等为一体的复杂部件，涉及的接口也很多，如索驱动、舱停靠平台、接收机、测控设备等，这也使得馈源舱的设计面临很多限制和要求，比如重量与尺寸的限制、复杂的控制方案等。

为了实现馈源的轨迹规划，馈源舱通过大跨度柔性并联机器人牵引至 140

米的高空。科学家们经过仿真分析，综合考虑成本、尺寸、性能以及安全等因素，得出馈源舱不宜超过 30 吨的结论。

随着设计的深入和细化，工程师们发现：馈源舱超重了，达到了 34 吨！超重了会发生什么呢？我们知道，馈源舱是通过 6 根钢索悬吊的，馈源舱超重意味着会增加钢索的受力载荷，降低钢索的安全系数，增加运行风险，不利于钢索的长期安全使用。

科学家们决定对馈源舱的重量进行轻量化处理。在保证系统的功能和性能的情况下，他们对馈源舱的框架（图 5-2）设计进行了改进，这样不仅大大降

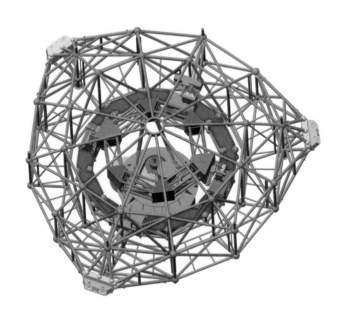

图 5-2 馈源舱的主体框架形状

低了重量，同时也保证了原有的结构刚度。最后在保证馈源舱与索驱动接口不变的情况下，其重量顺利降至 29.8 吨。

高标准的屏蔽技术

FAST 射电望远镜主要有两个基本指标——分辨率和灵敏度。分辨率越高就能将越近的两个射电源分开，对单天线射电望远镜来说，天线的直径越大分辨率越高。灵敏度是指射电望远镜"最低可测"的能量值，这个值越低灵敏度越高。为提高灵敏度常用的办法有降低接收机本身的固有噪声、增大天线接收面积、延长观测积分时间等。

由于单口径射电望远镜的特性导致所需要的信号接收系统灵敏度非常高，

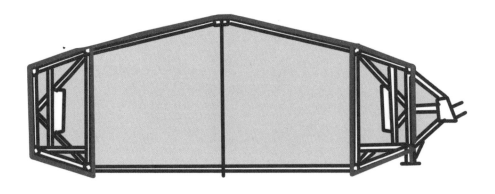

图 5-3 馈源舱整体屏蔽结构示意图

这就要求其周围的设备所产生的电磁干扰必须小于装置的接收能力，特别是馈源附近的电气设备。

根据 FAST 望远镜馈源舱内设备及结构特点，其使用频率范围在 70 兆赫兹～3 吉赫兹。这个指标意味着常用的电器设备对望远镜的观测都会有影响，比如手机、微波炉等日常带电设备。因为这个望远镜实在是太灵敏了！

为实现馈源舱的屏蔽指标，科学家们对馈源舱整体结构采用钢板屏蔽，并对有可能产生电磁泄漏的地方采取屏蔽措施，使整个舱体成为无缝屏蔽导体（图5-3）。

随着天体的缓慢运动，馈源舱内的接收机要不断地改变它的指向，以保证时刻对准外界的天体。此时，采用哪种方式保证不泄漏舱内设备产生的电磁波是一个难题。科学家们为了防止电磁波的泄露，可谓是用遍了"十八般武艺"，不仅采用了柔性屏蔽布加防雨层设计，还采用了更多细致的方式出现，后面还会有详细介绍。

威力无穷的"机器人"

位于美国波多黎各的 305 米口径的阿雷西博望远镜，采用了三组巨大的钢索来悬吊一个近千吨的巨大平台，如果按照 500 米口径的望远镜来换算的话，那么这个悬吊的平台的重量将达到万吨。这样的话，不仅工程造价昂贵，也使得建设难度大大增加，更重要的是超出了现在的工程技术极限。

在此基础上，中国的科学家们提出了一个大胆的设想：采用光学、机械、电气一体化技术，利用6根轻重量的钢索来拖动一个巨大的天文接收设备平台，另外在平台内部配置用来精确调整位置和姿态的并联机器人，这样就可以实现望远镜接收设备的高精度指向跟踪。通过使用这个创新技术，我们把一个近万吨的信号接收平台的重量降到了几十吨，使拥有500米口径的FAST望远镜的建设变成了可能。而实现这一可能，秘诀就在于我们有一个威力无穷的"机器人"——馈源支撑系统。

馈源支撑系统是一个由双大型机器人组成的特殊系统。它不仅特殊，而且很复杂，但工程人员用了简单的几个词对这个复杂的系统进行了概括：6塔、6索、1舱、1港。

在500米"大锅"的外围均匀地耸立着6座百米高的铁塔，每座铁塔塔下和塔上各有一个大型滑轮，滑轮的直径为1.8米，一般的人站在它的前面，高度上还不太占有优势。6根粗粗的钢索一端经过这两个大型滑轮与机房内的卷筒连接，6根钢索的另一端共同和馈源舱相连，每根钢索长600多米，远远望去，像是空中的一条条银蛇。

如果在高空中的馈源舱里面的设备坏了怎么办？科学家们为了解决这个问题，在这个"大锅"的最底部建了一个舱停靠平台，就像远航的大船要停靠港口一样。馈源舱需要检修或维护的时候，会从百米的高空中落到这个舱停靠平台上，工作人员就可以通过梯子爬进去，对舱内精密的仪器设备进行维护。

"机器人"的工作原理

要能准确地"看"到宇宙中发来的无线电信号，需要在140~180米的高空中对接收机进行精准的定位和定姿，这主要是通过刚柔机器人的两级控制来实现的。

第一级的控制，主要是通过超大跨度的柔索牵引并联机器人（图5-4）来对馈源舱的位置和姿态进行调整，利用望远镜周边的6座百米高的铁塔支撑6根钢索来悬吊一个近30吨重的天文接收设备平台。科学家们通过驱动塔下机房内的卷扬机来收放钢索，拖动天文接收设备平台，使其在一个距离地面高140~180米，直径为206米的球冠面上运动，从而实现对太空中天体的观测。

第二级的控制，主要是来实现馈源的毫米级的高精度指向定位。其主要功能是克服悬索控制下的风扰和其他扰动，实现馈源的准确精调定位。

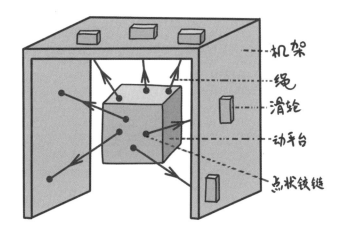

图 5-4 柔索牵引并联机器人机构示意图

"机器人"的建设

一波三折定乾坤

进入到 FAST 台址后，阳光下银闪闪均布的 6 座高塔显得异常抢眼，塔高从 112 米到 173 米不等，总共耗用了 2600 多吨的钢材。每一座铁塔都还有一个响亮的名字，分别是 1H、3 H、5 H、7 H、9 H、11 H，它们都是以时钟的指向来命名的。当我们站在山上，俯视时，各塔所处的位置和相应的时钟指针一致（图 5-5）。

由于 FAST 望远镜的台址地质条件非常复杂，因此工程技术人员必须根

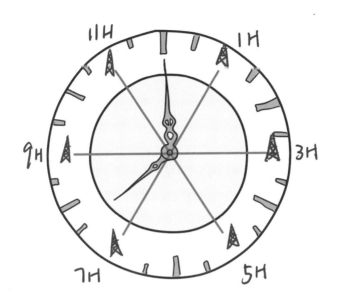

图 5-5 支撑塔位置示意图

据计算机的仿真分析结果来确定支撑塔的位置。根据分析结果科学家们得出：
当塔所处的分布圆直径为 600 米时，对应的钢索受力最小，此时馈源舱的姿
态是最优化的。而且为保证馈源舱受力均匀，6 座铁塔的分布必须保证严格的
对称，每两座铁塔之间的夹角都为 60 度。

大窝凼里丛林密布，到处都是石头，地势陡峭，人在其中时，通视条件非
常差。很多地方都是悬崖峭壁，裂隙遍布，地理条件非常复杂。借用苏轼的一
句诗来形容："不识庐山真面目，只缘身在此山中。"

这些都给支撑塔的选址带来很大的困难。

周边的山上只有几条羊肠小道,很多地方当地世代居住的村民也很少前往,

选址人员先是研究了 1:10000 地形图，地形图显示本应是一片平缓的地形，选址人员到进行实地踏勘后却发现面临着一片悬崖峭壁。为了选到合适的塔址，选址人员攀山越岭，历尽千辛万苦，经过多次调整，最终选择了恰当的位置。

塔的选址主要得从地质条件和地理条件两个方面来考虑。大窝凼是一个遍地是坑的地方，因为喀斯特洼地里分布着众多大小不一的溶洞。如果塔址下有一个巨大的溶洞的话，那么就要花费巨资往溶洞里浇灌水泥，直至灌满才能保证塔基的稳定性，这有可能是一个"无底洞"。不过幸运的是，我们只有一个塔基础附近有两个溶洞，而且溶洞的体积都不大。从地理条件来看，塔所处的位置地势要相对平缓，这会大大降低建设成本。

长短腿的大高个

6 座塔高度从 112 米到 172 米不等，最大一座塔的根开是 38 米多，占地面积近 1500 平方米。如果在此开出一块平台，开挖的工程量将会非常大，于是设计人员充分考虑了地形特点，并根据多年的设计经验，选用了长短腿的结构（图 5-6）。这样的设计不仅可以有效地利用当地地形，而且还可以减小土石方的开挖量和因开挖而带来的边坡支护工程量。

每座塔的塔顶都有一个面积约 25 平方米的平台，平台中间有安放了一个直径 1.8 米的大大的滑轮，滑轮绳槽里面还安装了一些衬垫。因为，对百米高塔来说，更换设备非常不易，这些衬垫可以有效地减小滑轮的磨损，延长滑轮

图 5-6 支撑塔的长短腿结构

的使用寿命。远远看去，塔顶上还顶着一根粗长的杆子，这是避雷针。贵州是个多雷电的地区，这根长长的避雷针可以很好地保护塔上及周边的设备。

为了能够爬上这么高的铁塔，设计人员提供了三种方式（图 5-7）。

第一种是脚钉。在铁塔四个腿的主材上有脚钉，施工人员可以抓着脚钉爬到塔顶去，不过这可是需要莫大的勇气的，而且还要采取足够的安全措施。

第二种是旋转爬梯。在铁梯的外圈配有旋转爬梯，梯子两侧设有扶手，每隔 20 米设置一个平台，供人休息使用。这么高的塔爬上去究竟需要多长时间呢？我们做了一个粗略的统计，110 余米的高塔，最快的记录是 7 分钟，最慢

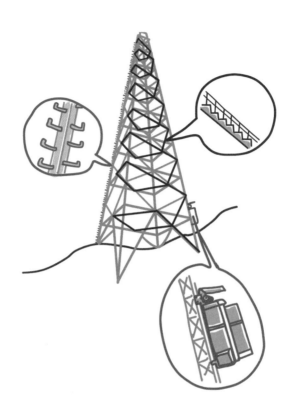

图 5-7 三种攀爬方式

的记录是 20 多分钟。当然，这和爬梯人的身体素质也有一定的关系。

第三种是铁塔攀爬机。如果要把一些重的设备运到塔顶，人力是无法完成的。设计人员曾经想过在塔上装上电梯。但是这会使工程的造价提高太多，考虑到经费有限，这种方式就自然地被"抛弃"了。后来，设计人员借用电力系统的一种简易检修设施，选用了一种特殊的铁塔攀爬机，可以运送一些重型的设备，而且造价很低。

索驱动工程

科学家们通过采用大尺度柔性并联机器人的结构型式，将原本近万吨重的馈源平台的质量降到了不到 30 吨，从机构学上来说，这种型式叫柔索牵引并联机构，这也是目前世界上建成的最大跨度的柔索牵引并联机器人。这个柔性并联机器人虽然和常见的机器人在外形上有很大的差异，但它具备传统意义上的机器人的所有结构。

采用大跨度柔性并联机器人实现馈源舱的大范围、高精度空间定位。这是一个极具挑战性的技术难题，没有任何先例可循。为此，科学家们进行了长达近十年的模型试验。

6 索牵引近 30 吨重的馈源舱的结构型式在整个望远镜结构中是一个风险极高的部分，对系统的可靠性要求非常高。假设其中一根钢丝绳断掉了，这就跟一根 40 吨的大鞭子从百米高空抽下来一样，后果不堪想象。所以，这个巨型的柔性机器人的安全性对整个望远镜的安全运行来说，至关重要。

柔性并联机器人包括 6 套独立的驱动机构，每套驱动机构包括了一个功率为 257 千瓦的大型电机，通过它来驱动一个高减速比的减速机。减速机的作用是，把每分钟转速超过一千多转的电机转动速度降到每分钟几十转，甚至是每分钟几转。这看似是"吃力不讨好"的，但事实上，正是这项工作保证了望远镜的观测速度。在进行空中星体观测时，对应的望远镜的设备运动速度非常缓慢，每分钟移动的距离不到 70 厘米，这就需要我们把大转矩的电动机的高转速降下来。

安装在 6 座百米高铁塔的塔底和塔顶的、直径 1.8 米的大滑轮，各自承担着自己的任务。塔顶的滑轮可以随着天文接收设备的运动方向而转动，它的主要作用是改变钢索的伸出方向。柔索牵引并联机器人主要由安装在塔底侧机器房中的驱动机构拖拽钢丝绳来驱动，并以此来驱动馈源舱在空中的运动。钢丝绳一端固定在驱动机构的卷筒组上，通过塔底导向滑轮、塔顶导向滑轮将钢丝绳引到塔顶，并通过钢丝绳锚固装置与天文接收设备平台相连（图 5-8）。

这个尺度为 600 米大跨度的巨型"6 足"机器人，在很多技术领域都实现了巨大的突破，有力地彰显了我国科技人员的创新能力。

神奇的大脑

6 索并联控制技术是这个机器人最核心、最关键的技术。我们可以尝试用一个形象的比喻来理解一下：如果把 500 米口径的反射面比作一口大锅的话，那么这个球冠面就可以想象成放在大锅上面的一个大碗，一颗用 6 根绳子吊着的"珠子"在碗里滚来滚去（图 5-9）。

600 米尺度的机器人要把在 100 多米的高空的天眼"眼珠"进行精准的位置定位，这本身就是一个世界性的技术难题。它会受到许多因素的影响，比

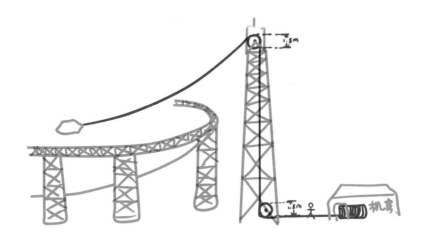

图 5-8 滑轮驱动示意图

如，测量设备的精度；钢索在受到几吨到几十吨不同拉力时会产生实时大小不一致的形变，同时，铁塔在受到钢索的拉力时，也会产生几厘米到几十厘米的变形；风的干扰等。

为了解决这些问题，科学家们通过建立一个基于力学、控制学、天文等多学科的仿真系统，对整个系统进行了模拟和仿真计算。通过这套仿真系统，他们可以计算出馈源舱在空中任何一个位置姿态时，6 根钢丝绳各自的长度和所受的拉力。测量仪器通过观测并解算出馈源舱在空中的位置和姿态后，将这些信息传输给柔性机器人的控制系统，这个机器人会对馈源舱的位置和姿态进行索力优化，保证馈源舱无论处在怎样的位置姿态，6 根钢丝绳的索力差值都是

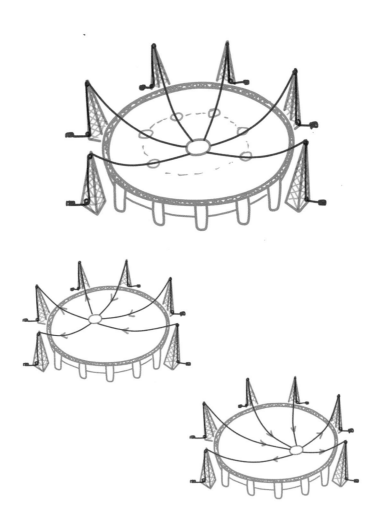

图 5-9 馈源运动示意图

最小。这个不具有普通机器人外观的、不普通的机器人完成了一项高难度的工作：根据钢丝绳索力优化的原则来计算每根钢丝绳需要伸出的长度。由此，各个机房的卷扬机就可以根据钢丝绳变化的长度来同步进行收放动作，控制馈源舱运行到达预定的位置，这是一个创举。

特殊的视神经

在观测的时候，科学家需要给"眼珠"发出控制指令，同时，"眼珠"获取的信息也需要传给地面的中央控制室。这时候传输介质光缆的重要性就凸显了出来，而望远镜独特的柔性支撑型式决定了光缆的特殊性。

光缆中的光纤是一种光传导工具。一根裸光纤有多粗呢？我们来和人的头发比一比：一根头发的直径是几十微米，而裸光纤的只有9微米，是头发直径的八分之一左右（图5-10）。另外，还需要在脆弱的裸光纤外面加上包层进行保护，穿上厚厚的包层之后，这根光纤的直径也只有约250微米。

就FAST望远镜来说，对这个传输介质的要求是，形成的光缆能经受住长期反复弯曲。科学家们进行了计算，在5年内，这个光缆要能够弯曲6.6万次，但是即便依照我国军用标准，对于光缆的弯曲疲劳寿命的最高要求也不过是1000次。同时，光缆在运动过程中，信号的损耗要尽可能地小，而常用的光缆很少用于运动工况中。当时，现有的光缆没有任何一款产品能够满足"天眼"的使用需求。

图 5-10 光纤粗细示意图

工程技术人员和高校、企业合作，历时四年，攻克相关技术难题，研制出的 48 芯的超稳定、弯曲可动光缆（简称"FAST 动光缆"），突破了 10 万次弯曲疲劳寿命，刷新了世界纪录。运动状态下的信号损耗比我国军用标准的要求减少了 75%。最终，在科学家们的努力下，"FAST 动光缆"于 2015 年向市场正式推广。

独特的信号传输通道

FAST 的馈源舱在高于洼地 140~180 米的空间内进行运动，空中悬吊的馈源舱和地面的控制室之间采用大跨度的柔性钢索来连接，如何为高空中悬吊的馈源舱进行供电，以及如何进行信号传输，是科学家们面临的又一个难题！

6条钢索的长度是不断地变化的，科学家们由此想到了两个方案。一个是把电缆和光缆放在钢丝绳内部，叫作索包缆方案。但是这个方案存在一个不可克服的缺陷：钢索在过滑轮的时候，会受到很大的侧压力，对于脆弱的光缆来说，这种巨大的侧压力是不能承受的。另一个方案是采用一套窗帘式的机构（图5-11），为馈源舱提供电力支持和信号传输通道。

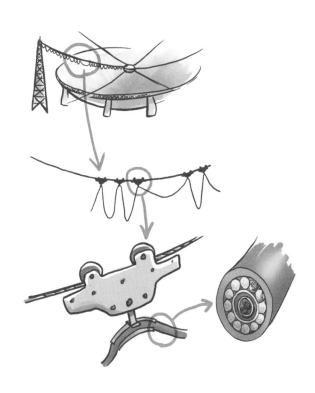

图 5-11 窗帘式缆线入舱机构示意图

每根索悬挂 86 个滑车，滑车之间采用细钢丝绳牵引。随着钢丝绳变长，滑车也全部展开。当钢丝绳长度变短时，馈源平台一端的滑车堆积到一起。这就是科学家们最终采用的窗帘式缆线入舱机构。当然，对于滑车，工程建设也有着比较苛刻的要求：滑车不但要坚固、能够耐贵州多酸雨气候造成的腐蚀，同时还要轻，以防止由于滑车过重而影响对馈源平台的位置和姿态的控制精度。

电磁屏蔽技术

上文曾指出，射电望远镜对电磁环境的要求极高。有过一个统计，全世界的射电望远镜接收到的外太空电磁波信号的力度还翻不起一页书。由此可见，要接收如此微弱的电磁波信号，射电望远镜对电磁波的敏感程度非常高。因此，这就对望远镜周边的电磁环境提出了高要求。

为此，科学家们从选址开始时就将电磁波屏蔽的相关技术纳入了考虑范畴。在望远镜建设期间，他们建设了钢板屏蔽室来拦截外界电磁波的干扰，但在望远镜设备运行期间，设备本身会产生各种电磁信号，这些信号也会对望远镜的天文接收设备产生严重的干扰，影响其对天体的判断，甚至会损坏灵敏的接收设备。

由于钢丝绳在机房必须有开口，而电机在传动时会穿过机房的墙板，这样就会导致电磁波的泄漏。于是，工程师们创新地采用了一种迷宫式的结构（图5-12），加在电机的传动轴上，对电磁波进行衰减，有效地防止了电磁波的泄漏。

图 5-12 屏蔽室、迷宫式过壁装置

奇妙的安装方案

索驱动设备单件最大重量为 13 吨，需要安装到和路面高差为 30 米的山上机房内，由于机房所处位置坡度大，所以无法使用大型吊装设备，而单靠人力来完成安装，几乎是不可能的，于是工程师们在无法使用吊车的位置建造了

图 5-13　轨道卷扬

一条拖动轨道，用卷扬机将大型设备拽到山上的机房内（图 5-13）。

　　解决拖动问题之后，工程师们面临的是另一个难题：钢索安装上下高差 270 米，水平跨度 300 米，单根钢索重 6 吨。具体地说，施工人员面对的支撑索安装的主要技术难点在于：钢丝绳安装跨度大，单根钢丝绳长度过长，重量过大。如何把这么重的钢索牵引到近 300 米高的铁塔上？这里的安装方案就充分展现了工程师们的智慧。

　　聪明的工程师们用了一个非常巧妙的办法。他们带了根几百米长的小细尼龙绳到塔顶，然后从塔顶把绳子一端沿塔中心放到塔底，固定到机房的卷筒上。另一端逐步地导到窝凼的最底部，接上一根粗的尼龙绳，通过机房内的卷扬机

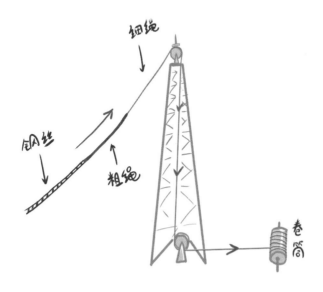

图 5-14 穿绳技术示意图

把粗尼龙绳从窝凼的最底部经过塔顶、塔底的两个滑轮一步步地拖到机房内，就是这样，利用细的尼龙绳把粗的尼龙绳拽上去，然后再由粗的尼龙绳把细的钢丝绳牵引到卷筒，最后用细的钢丝绳拽 6 吨的钢丝绳进行安装。简单地用 5 个字来概括就是：细绳拽粗绳（图 5-14）。

钢丝绳安装过程中，工程师们还要把窗帘机构中一个个承载着电缆和光缆的小滑车安装上去，未来海量的天文数据就是通过这个通道传到地面控制室，传到贵阳和北京的。

家的港湾——舱停靠平台工程

工程设备都是有设计寿命的。在其寿命期内，工作人员需要使用工程设备完成很多工作。为了能够更好地使用这些设备，工程人员需要定期对设备进行检修。每隔一段固定的时间或当舱内设备突然出现故障时，如何对高空中的设备进行维护呢？细心的科学家们已经想到了。

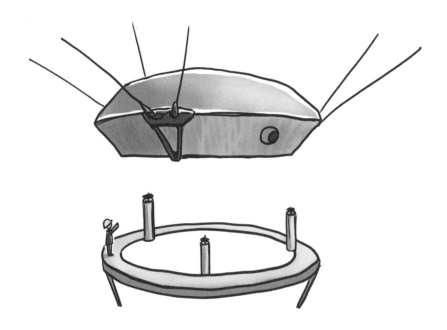

图 5-15 馈源舱停靠台

他们在"大锅"的最底部，建立了一个环形的平台，就像码头上的大船入港一样（图5-15），当出现紧急情况的时候，舱停靠平台会伸出三根支柱，馈源舱借助于柔性牵引并联机器人，准确地落到舱停靠平台的支柱上，馈源舱降到舱停靠平台上后，检修人员可以通过梯子爬到舱内对其中的设备进行维护。

在馈源舱停靠平台的外围还有三组巨大的滑轮，这是为以后换绳预备的，钢丝绳的使用寿命是5年，当期限到后，工程师将通过三组巨大的滑轮用旧钢丝绳牵引新的钢丝绳进行更换。

紫金葫芦——接收机

射电望远镜技术的理论基础是经典的电磁理论。从早期的静电和地磁现象，到丹麦科学家奥斯特通过试验发现电流对磁针的作用，到安培总结了电流之间的相互作用的定律，再到法拉第发现电磁感应定律。科学研究的进展在电和磁这两种原本看似不相干的现象之间建立了紧密的联系。

射电天文望远镜的性能提高主要有两个发展方向，其一是通过增加有效接收面积来提高观测灵敏度，其二是利用多个天线组成天线阵列，通过扩展单元天线的间距提高观测分辨率。FAST作为目前世界上口径最大的单天线射电望远镜，其优势是巨大的接收面积。那么，FAST射电望远镜是如何进行信号接

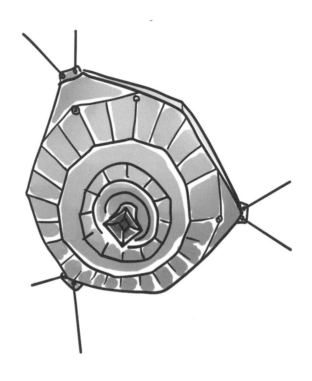

图 5-16　接收机示意图

收的呢？

　　看过中国传统四大名著《西游记》的同学们都可能记得，孙悟空护送唐僧去西天取经的路上遇到一个名叫银角大王的妖怪，它有一个宝贝——紫金葫芦。只要把这个葫芦对着"人"并叫出他的名字，这个"人"就会被紫金葫芦收进去。在 FAST 望远镜中也有这么一件"法宝"，它就是接收机。从外形看，接收机就像一个张开大口的喇叭（图 5-16）。它的作用就是收集来自亿万光年的遥远宇宙的电磁波信号。

射电天文望远镜所接收到的来自天体的辐射往往较人工信号微弱。射电望远镜接收到的天体射电辐射的流量一般以央斯基做为单位 [1 央斯基 = 10^{-26} 瓦 /（平方米·赫兹）]。对于流量强度为 1 央斯基的射电源，打个形象的比喻来说就是，其辐射强度和将普通手机放置到离地面 300~500 公里的位置发射信号的强度相当，这个 300~500 公里的高度是我国神舟飞船在轨工作站的飞行高度。

科学家们为 FAST 望远镜准备了一共 7 套不同的接收机，它们长相相似，但覆盖频率却有着本质区别。这 7 套接收机覆盖了望远镜所需要的 70 兆赫兹 ~3 吉赫兹之间的频率。因此，接收机对整个望远镜而言，非常重要！

千里眼——高精度测量

望远镜要实现精准的观测，需要先对"大锅"的镜面和"眼珠"进行高精度的测量，在知道这些设备的准确位置和姿态信息之后，再传给望远镜的大脑——中央控制室，计算机对这些数据进行分析处理，驱动电机来控制执行部件，到达所需要的位置。

我们对"眼珠"的最终控制精度要达到 10 毫米级别，这时候我们就需要一种非常精密的测量设备，这种设备不仅测量精度要高，还要能满足在有风、雨和雾的情况下也能保证测量的要求。

这种设备就是全站型电子测距仪（Electronic Total Station），它是一种集光、机、电为一体的高技术测量仪器，也是集水平角、垂直角、距离（斜距、平距）、高差测量功能于一体的测绘仪器系统。因其一次安置仪器就可完成该测站的全部测量工作，所以又称之为全站仪。全站仪已经达到令人不可思议的角度和距离测量精度，既可人工操作也可自动操作，既可远距离遥控运行也可在机载应用程序控制下使用，广泛用于精密工程测量、变形监测等领域。

站在望远镜500米口径的圈梁上往下望去，"大锅"的锅面上开了好多"窟窿"，从里面伸出粗长的黄色主子，这就是"千里眼"全站仪的家了。它们静默地守卫着望远镜，如同天上的星辰一般，在"大锅"的锅面上闪着光。

我们FAST是中华民族仰望上苍，观测

斗转星移，这样一个文化传统的延伸。

　　　　　　　　　　——南仁东

第 **6** 章

向前

它是观天巨眼，它是捕梦之网。

世 界 之 巅

坐落于美国波多黎各喀斯特地貌中的 305 米口径的阿雷西博射电望远镜，自 20 世纪 60 年代建成以来，就在世界上接收面积最大的单口径射电望远镜的"宝座"上雄踞了长达半个世纪之久。

而如今，FAST 望远镜取代阿雷西博成为新的射电望远镜之王。全新的设计思路，加之得天独厚的台址优势，使得 FAST 突破了射电望远镜的极限，开创了建造巨型射电望远镜的新模式。凭借其 500 米的口径、相当于 30 个足球场的接收面积，它不仅在尺寸规模上创造了单口径射电望远镜的新世界纪录，而且在灵敏度和综合性能上，也登上了世界的巅峰。

与号称"地面最大的机器"的德国波恩 100 米望远镜相比，FAST 的灵敏度提高了约 10 倍；与排在"阿波罗"登月之前、被评为人类 20 世纪十大工程之首的美国阿雷西博射电远镜相比，其综合性能提高了约 10 倍。

FAST 望远镜屹立在世界天文学界，以其辉煌卓越的身姿彰显了大国重器的气魄。2016 年，FAST 望远镜的建成入选了当年 *Nature* 评选的重大科学事件。它荣登世界之巅，而这是属于我们的光荣！

我们看到了

天文学是孕育重大原创发现的前沿科学，也是推动科技进步和创新的战略制高点。FAST 望远镜的落成启用，对我国在科学前沿实现重大原创突破、加快创新驱动发展具有重要意义。

中国科学院国家天文台牵头，国内多家单位联手，经过紧张调试，FAST 望远镜已实现指向、跟踪、漂移扫描等多种观测模式的顺利运行，调试进展超过预期及大型同类设备的国际惯例，并且已经开始有了系统的科学产出。 科学家们经过对海量的信息数据处理后，首批认证两颗脉冲星。这是我国射电望远镜首次发现脉冲星，FAST 望远镜也没有辜负"世界上最灵敏的射电望远镜"之称。

搜寻和发现射电脉冲星是 FAST 望远镜核心科学目标。银河系中有大量脉冲星，但由于其信号暗弱，易被人造电磁干扰淹没，所以目前只观测到一小部分。而具有极高灵敏度的 FAST 望远镜是发现脉冲星的理想设备。

未来，科学家们有望利用FAST望远镜发现更多守时精准的毫秒脉冲星，对脉冲星计时阵探测引力波做出重要贡献。FAST望远镜定会继续催生天文发现，也必将成为世界一流水平的望远镜设备。

未来

在未来，FAST望远镜作为一个多学科基础研究平台，有能力帮助科学家将中性氢观测延伸至宇宙边缘，观测暗物质和暗能量，探索宇宙的起源与演化。它也会被用于搜寻识别可能的星际通信讯号，甚至是寻找地外文明等。

有了这架望远镜，黔南喀斯特山区将变成世人瞩目的国际天文学术中心，成为把中国贵州展现给世界的新窗口。它所拥有世界领先的绝对灵敏度，为中国科学家提供了前所未有的机遇，它会帮助我们实现中国射电天文由"追赶"到"领先"的跨越。

历史上，曾有三名中学生发现了一颗脉冲星。通常情况下，超新星爆发后，会在原来的遗址上留下来一颗恒星的残骸，这样的残骸很可能就是脉冲星，但是，科学家们没有注意到这个问题，却让三名中学生发现了。于是，这三个中学生获得了西门子西屋科学和技术竞赛大奖。在这里，我们也期待着更多爱天文、学天文的同学与FAST望远镜一起，探寻瀚海星辰！

一支队伍

在贵州省黔南布依族苗族自治州的大山里，有这样一支队伍。队员们远离家人朋友，远离城市繁华，任劳任怨、夜以继日地参与整个工程的建设，他们就是"中国天眼（FAST）"工程的建设者们。

建设团队从 1994 年以南仁东、彭勃为核心的 5 人小组扩展至今，已经是百余人的团队了。这支队伍是风雨中的行者，他们克服困难，走过岁月的洗礼，终于在 2016 年 9 月 25 日将 FAST 望远镜这一彰显我国实力的工程呈现给了世界！

如果说 FAST 望远镜是一个呱呱坠地的孩子，那南仁东研究员就当之无愧可被称为他的"父亲"。从 1994 年到 2006 年 FAST 工程选址期间，他几乎走遍了贵州的窝凼。22 年间，他跑遍了工程现场每个角落，倾注了全部的心血。

他是 FAST 望远镜工程之父。

山间的风从未停过，FAST 望远镜的建设者的脚步也同这风一般，没有停歇。他们留给这大山坚挺的背影，留给这世间发现宇宙秘密的眼睛。

"追赶、领先、跨越"的"FAST 精神"成了山里最美的风景！

南仁东研究员

我仰望星空

它是那样辽阔而深邃

那无穷的真理

让我苦苦地求索追随

——摘自温家宝《仰望星空》

图书在版编目（CIP）数据

中国天眼（FAST）:和宇宙对话/潘高峰,张博,
高原著;吕洁绘.-- 杭州:浙江教育出版社,2019.3（2021.5重印）
　ISBN 978-7-5536-8378-2

Ⅰ.①中… Ⅱ.①潘… ②张… ③高… ④吕… Ⅲ.
①射电望远镜－普及读物 Ⅳ.① TN16-49

中国版本图书馆 CIP 数据核字 (2019) 第 025188 号

··

中国天眼（FAST）——和宇宙对话

ZHONGGUO TIAN YAN（FAST）——HE YUZHOU DUIHUA

潘高峰　张博　高原　著　吕洁　绘

责任编辑: 高露露
美术编辑: 韩　波
装帧设计: 沐希设计
责任校对: 马立改
责任印务: 陆　江
出版发行: 浙江教育出版社
　　　　　　杭州市天目山路 40 号
　　　　　　邮编: 310013
　　　　　　电话: （0571）85170300-80928
印　　刷: 浙江新华数码印务有限公司
开　　本: 700mm×980mm　　1/16
成品尺寸: 170mm×220mm
印　　张: 8
字　　数: 83 千
版　　次: 2019 年 3 月第 1 版
印　　次: 2021 年 5 月第 2 次印刷
标准书号: ISBN　978-7-5536-8378-2
定　　价: 48.00 元